INCROYABLE ESPACE

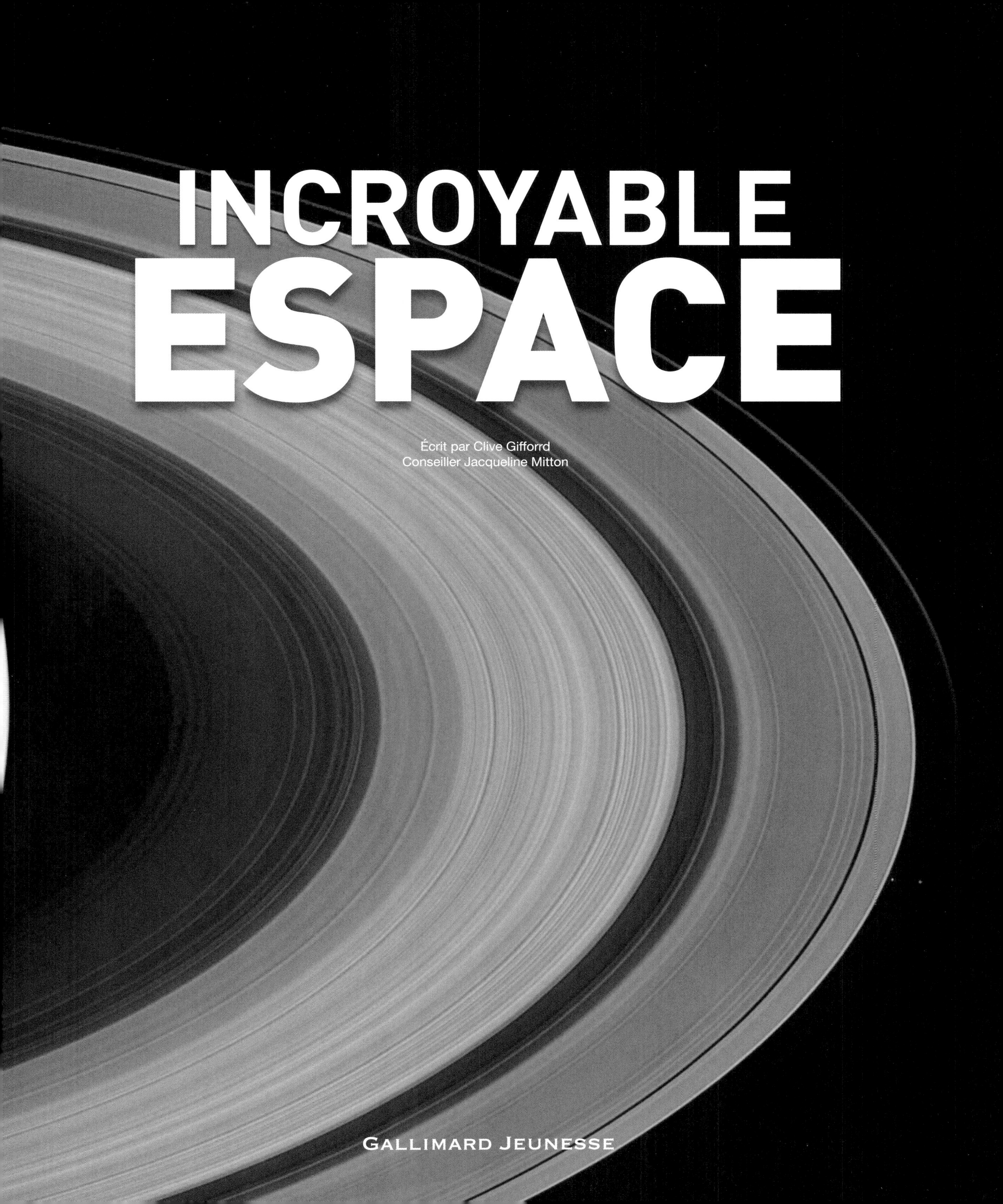

INCROYABLE ESPACE

Écrit par Clive Gifforrd
Conseiller Jacqueline Mitton

GALLIMARD JEUNESSE

SOMMAIRE

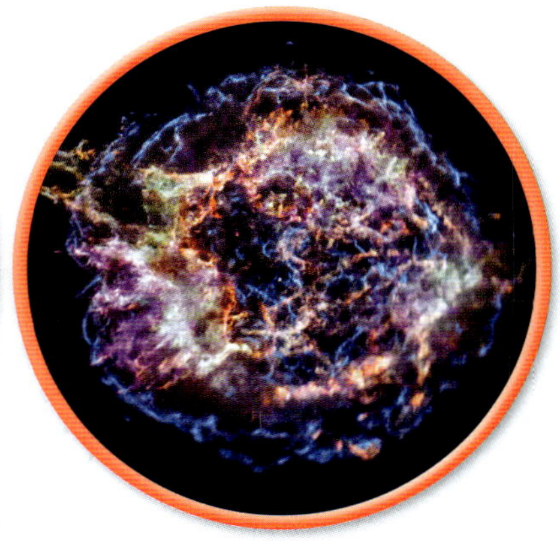

Pour l'édition originale

chez DK DELHI (Inde)
Équipe éditoriale Sreshtha Bhattacharya, Isha Sharma et Kathakali Banerjee
Maquettistes Vikas Chauhan, Heena Sharma et Tanisha Mandal
Illustrateurs 3D Mahipal Singh et Nain Rawat
Maquettiste PAO Ashok Kumar, Shanker Prasad et Harish Aggarwal
Iconographe Nishwan Rasool
Responsanle pré-presse Balwant Singh
Respondable fabrication Pankaj Sharma
Responsable iconographique Taiyaba Khatoon
Direction éditoriale Kingshuk Ghoshal
Direction artistique Govind Mittal

chez DK LONDRES (Grande-Bretagne)
Édition Shaila Brown, Ben Morgan
Suivi artistique Smiljka Surla
Fabrication Gillian Reid et Meskerem Berhane
Illustrateurs Peter Bull, Arran Lewis et Brendan McCaffrey
Supervision éditoriale Lisa Gillespie
Supervision artistique Owen Peyton Jones
Responsable éditorial Andrew Macintyre
Directrice éditoriale adjointe Liz Wheeler
Responsable artistique Karen Self
Direction artistique Phil Ormerod
Direction éditoriale Jonathan Metcalf

Pour l'édition française

Responsable éditorial Thomas Dartige
Suivi éditorial Éric Pierrat
Réalisation de l'édition française Bruno Porlier
Traduction, édition et PAO Bruno Porlier
Correction Aurore Delvigne et Isabelle Haffen
Couverture Nicolas Vesin
Coordination artistique Gaëlle Souppart
Photogravure de couverture IGS

Édition originale parue sous le titre :
Super Space

ISBN : 978-2-07-512538-3

Dépôt légal : mai 2019
N° d'édition : 347217

Loi n° 49-956 du 16 juillet 1949
sur les publications destinées à la jeunesse.

Ce livre ne peut pas être vendu au Canada.

Imprimé et relié en Chine

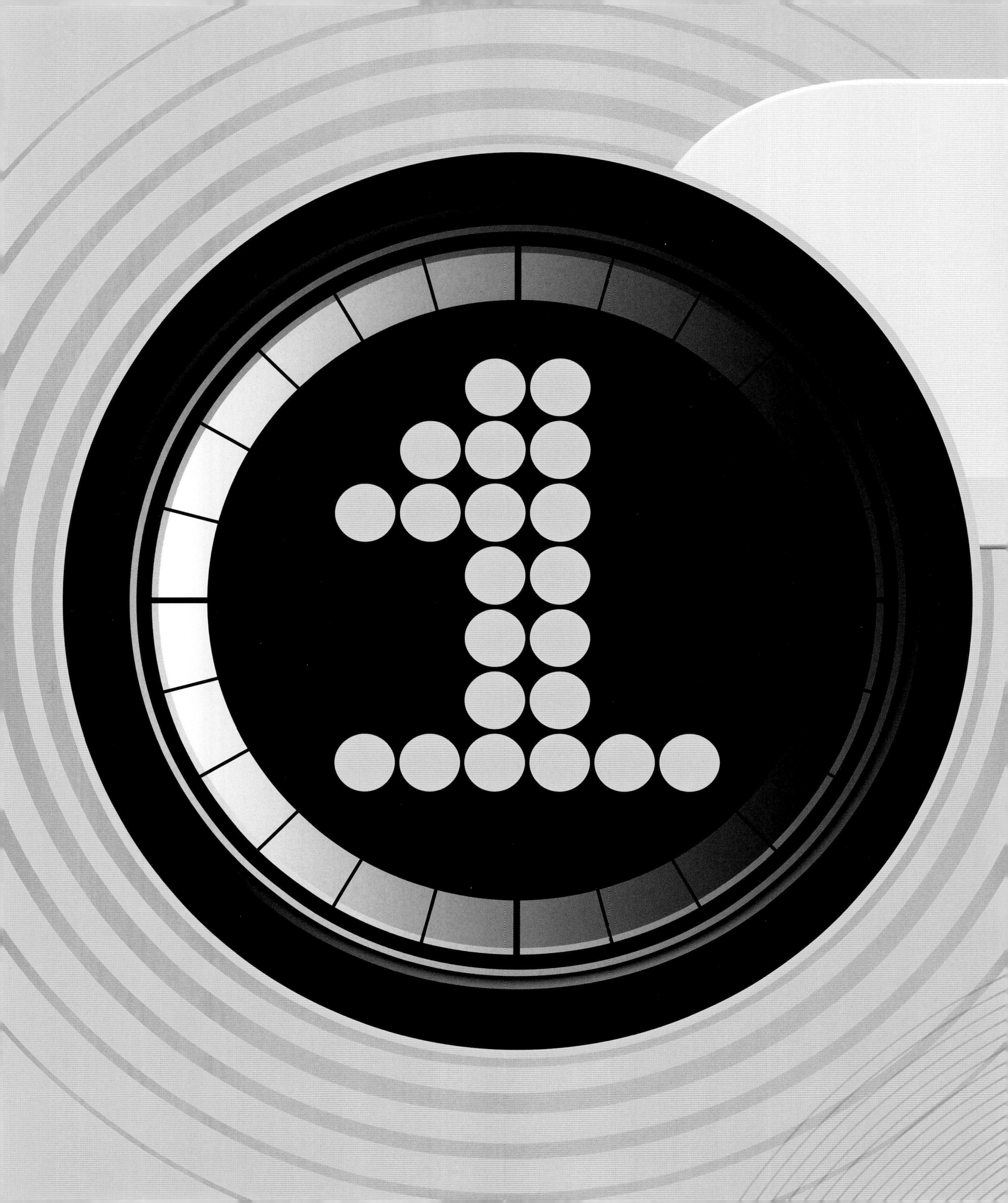
1

L'UNIVERS

L'Univers,
dont nous faisons
partie, inclut tout ce qui existe
de potentiellement observable
dans le cosmos. Depuis le phénomène
cataclysmique qui marqua son
apparition il y a 13,8 milliards d'années,
il est en expansion. À l'origine plus
petit qu'un atome, l'Univers
est aujourd'hui une source
incommensurable de
merveilles cosmiques.

L'ÉVOLUTION DE L'UNIVERS

L'Univers est constitué de tout ce qui existe de potentiellement observable dans le cosmos, que nous l'ayons déjà observé ou que cela nous reste à découvrir, en supposant que nous disposions d'une technologie assez puissante pour y parvenir. Cela inclut les plus petits grains de poussière cosmiques comme les plus grosses des étoiles, les plus infimes particules subatomiques constituant la matière comme les galaxies géantes comptant de centaines de milliards d'étoiles. Selon le modèle actuellement reconnu par les scientifiques, l'Univers a surgi il y a environ 13,8 milliards d'années lors d'un événement appelé big bang. Ce ne fut pas une explosion – ce qui supposerait la projection de matière et d'énergie à travers un espace préexistant – mais plutôt une sorte de subite et gigantesque expansion de l'espace lui-même à partir d'un état primordial extrêmement petit, chaud et dense ; expansion au cours de laquelle l'espace, l'énergie et la matière se sont dilatés en une fraction de seconde et qui a vu la naissance du temps. Ce processus est appelé inflation. L'Univers, depuis, n'a cessé de s'étendre, de se refroidir et de se modifier.

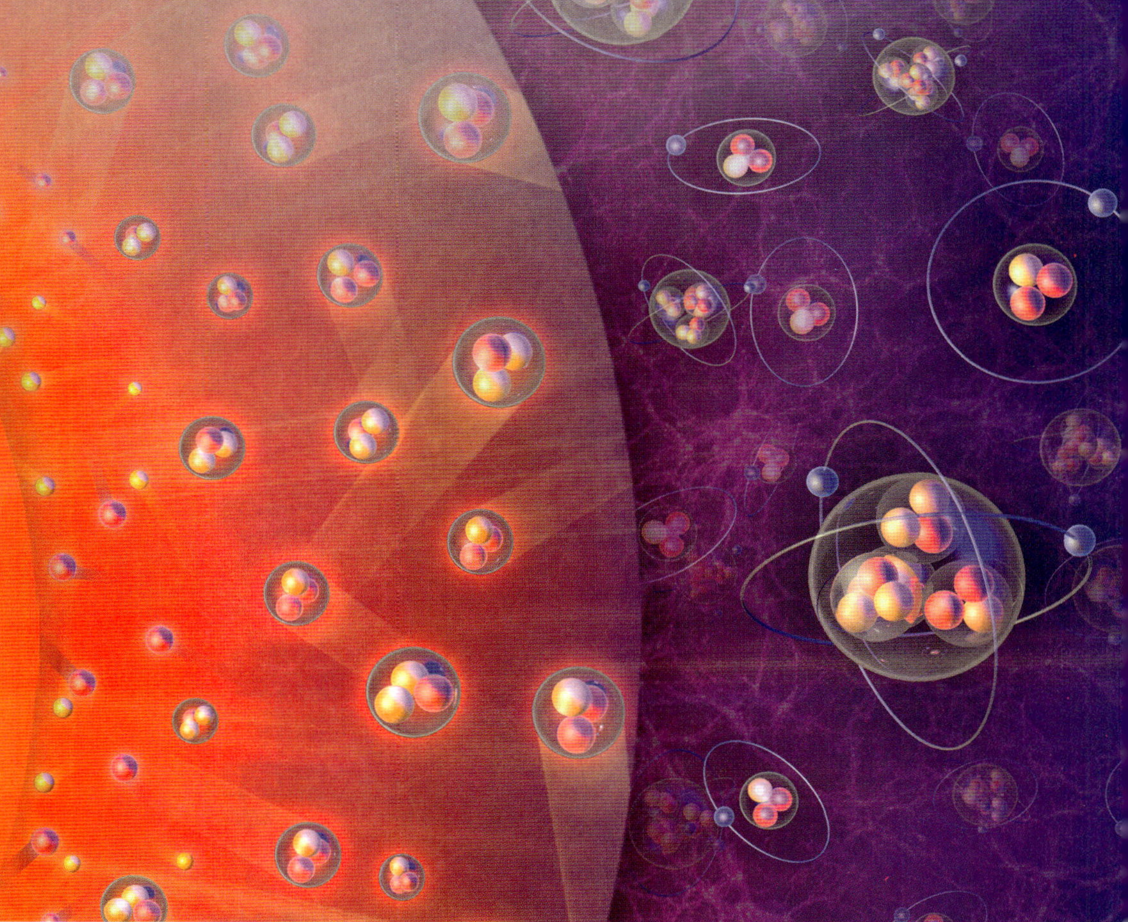

QU'Y AVAIT-IL AVANT LE BIG BANG ?

On ignore ce qui a précédé le big bang. Selon une idée souvent présentée, rien n'existait : ni l'espace, ni le temps, ni la matière. Mais d'autres scénarios sont envisageables, que testent et étudient les scientifiques sans pouvoir trancher, dans l'état actuel de nos connaissances. Quoi qu'il en soit, le modèle cosmologique du big bang admet qu'à un moment précis de son histoire...

IL Y A 13,8 MILLIARDS D'ANNÉES...

À l'instant du big bang

L'Univers, avec tout son contenu, se trouvait alors sous une forme extrêmement concentrée dans un volume minuscule et phénoménalement dense qui, subitement, libéra toute son énergie. L'Univers se mit alors à se dilater à une vitesse incroyable : il acquit, en une fraction de seconde, une taille supérieure à celle d'une planète.

1 SECONDE PLUS TARD

L'inflation et la naissance de la matière

Dans la première seconde, l'Univers, incroyablement chaud, entra dans son ère d'inflation, s'étendant sur 100 milliards de kilomètres de diamètre. En se dilatant, il commença à se refroidir légèrement : assez pour qu'une partie de l'énergie qu'il renfermait soit convertie dans les premières minuscules particules de matière. Celles-ci entrèrent en collision entre elles et finirent par former les protons et les neutrons, composants des noyaux des atomes.

400 000 ANS PLUS TARD

Les premiers atomes

À cette époque, l'Univers s'était refroidi suffisamment pour que les protons et les neutrons constituent les premiers atomes complets d'hydrogène et d'hélium, à partir desquels se formeraient plus tard tous les éléments chimiques connus de nos jours. Durant des millions d'années, de grands nuages d'hydrogène et d'hélium allaient se répandre dans l'Univers.

200 MILLIONS D'ANNÉES PLUS TARD

Les étoiles et les galaxies

Les zones de plus forte densité attirèrent par gravité les nuages d'hydrogène et d'hélium en les concentrant. Leurs cœurs devinrent extrêmement chauds et denses, des réactions nucléaires y apparurent qui générèrent les premières étoiles, lesquelles formèrent les premières galaxies. Ces dernières étaient de petits amas irréguliers d'étoiles brillantes, mais elles s'assemblèrent graduellement en galaxies géantes de milliards d'étoiles retenues par la gravité.

IL Y A 4,6 MILLIARDS D'ANNÉES

Le Système solaire

Quelque part dans une galaxie que nous appelons aujourd'hui Voie lactée, un nuage géant de gaz et de poussières, laissé par des étoiles mortes, s'effondra sur lui-même sous l'effet de la gravité, donnant naissance au Soleil. De la matière subsistant constitua un disque tournant autour du Soleil. Au cours du temps, cette matière s'agrégea pour former les planètes, ainsi que les corps en orbite plus petits tels que les lunes, astéroïdes et les comètes. Le Système solaire était né.

IL Y A 4,3 MILLIARDS D'ANNÉES

L'apparition de la vie

La planète Terre se trouvait à la distance idéale du Soleil pour que la température régnant à sa surface permette à l'eau d'y exister à l'état liquide, et cette planète était enveloppée d'une épaisse atmosphère. Les premières formes de vie primitives apparurent dans l'eau et évoluèrent au cours des temps géologiques pour donner la variété et la complexité des espèces vivantes existant de nos jours.

L'ÉCHELLE DU COSMOS

La galaxie d'Andromède vue depuis la Terre

LES ANNÉES-LUMIÈRE

Les très grandes distances de l'Univers sont généralement mesurées en années-lumière. L'année-lumière est la distance que la lumière parcourt en une année, soit 9 500 milliards de kilomètres environ. Il s'agit d'une distance énorme. Lorsque l'on observe la galaxie d'Andromède, qui se trouve à 2,5 millions d'années-lumière, on la voit telle qu'elle était il y a 2,5 millions d'années parce que c'est le temps que met sa lumière pour nous parvenir.

À notre échelle, l'espace nous apparaît gigantesque, et tout ce que nous en voyons – et que nous pourrons jamais en voir – n'est qu'une fraction de sa taille réelle. Notre planète est une petite boule rocheuse en rotation au milieu de l'Univers en expansion. En tant que membre du Système solaire, elle est en orbite autour d'une étoile que nous appelons le Soleil. Ce dernier est, quant à lui, situé dans la galaxie de la Voie lactée, en compagnie de milliards d'autres étoiles. Au-delà, à travers l'Univers, existent des milliards d'autres galaxies de formes et de tailles diverses. Quant à l'espace dans sa totalité, il se pourrait qu'il soit infini.

Notre planète bleue

Depuis l'espace, la Terre apparaît bleue parce que plus des deux tiers de sa surface sont recouverts d'eau liquide. C'est la plus grosse des planètes rocheuses du Système solaire et le seul endroit de l'Univers où la vie est connue à ce jour.

Le Système solaire

Le Système solaire constitue notre voisinage spatial immédiat. Il comprend des millions de comètes et d'astéroïdes, ainsi que la Terre et sept autres planètes accompagnées de leurs satellites naturels, l'ensemble gravitant autour de l'étoile centrale : le Soleil.

Les étoiles locales

Au-delà du Système solaire débute notre voisinage stellaire. On compte au moins 2 000 étoiles dans un rayon de 50 années-lumière autour du Soleil. Celles-ci ne représentent qu'une infime fraction des milliards d'étoiles que compte notre galaxie la Voie lactée.

La Voie lactée

La Voie lactée est une immense galaxie spirale barrée, aplatie en forme de disque, avec des bras spiraux constitués de gaz, de poussières et d'étoiles s'écartant du centre. Le Soleil et les planètes du Système solaire font partie de cette galaxie en compagnie de plus de 200 milliards d'étoiles.

Le Groupe local

Les galaxies se groupent en amas, maintenus assemblés par la gravité. Une cinquantaine de galaxies, dont la Voie lactée, forment un amas appelé le Groupe local. La galaxie d'Andromède, ainsi que le Grand Nuage et le Petit Nuage de Magellan, tous observables à l'œil nu dans le ciel nocturne, en font également partie.

Les superamas

Les amas de galaxies sont eux-mêmes groupés en immenses superamas. Ainsi, notre Groupe local fait partie du superamas de la Vierge. Les scientifiques estiment que le superamas de la Vierge est constitué d'au moins 100 amas galactiques.

L'Univers observable

Les superamas galactiques sont regroupés en structures allongées appelées filaments. On pense qu'il s'agit des structures les plus vastes qui existent dans l'espace. D'immenses volumes d'espace vide séparent les filaments. Aussi loin que l'on puisse observer, on rencontre des superamas à travers tout l'espace.

LES GALAXIES

Notre Voie lactée est une parmi plus de 125 milliards de galaxies qui peuplent l'Univers. Ces rassemblements colossaux d'étoiles, de poussières et de gaz tournent sur eux-mêmes dans l'espace, maintenus assemblés par la gravité. Les galaxies naines renferment souvent moins d'un million d'étoiles, les géantes peuvent en compter des centaines de milliards. À cause de l'immensité de l'espace vide qui les sépare, les galaxies dans leur totalité n'occupent que deux millionièmes du volume de l'Univers. Les scientifiques les classent d'après leur forme.

« La galaxie elliptique IC 1101 est l'une des plus vastes connues dans l'Univers. »

LES GALAXIES SPIRALES BARRÉES

Notre Voie lactée fait partie de ce type. Ces galaxies présentent les longs bras spiralés typiques d'une galaxie spirale, mais avec, au centre, une barre contenant de jeunes étoiles très brillantes. Les deux bras spiralés de la galaxie NGC 1300 apparaissent ici bien distincts de la barre centrale.

LES GALAXIES ELLIPTIQUES

Les galaxies elliptiques sont des essaims d'étoiles essentiellement anciennes et renfermant peu de gaz et de poussières. Sphériques ou aplaties, les plus petites renferment des dizaines de millions d'étoiles, mais c'est dans leurs rangs que figurent les plus grandes galaxies connues, comptant des billions d'étoiles, telle NGC 1132 illustrée ici.

LES GALAXIES SPIRALES

Environ 70 % des galaxies les plus proches de la nôtre sont des spirales en rotation sur elles-mêmes, connues pour leurs formes spectaculaires. Les galaxies spirales, comme ici M81, forment une sorte de disque géant avec un bulbe central et de longs bras incurvés. Le bulbe central renferme les étoiles les plus anciennes tandis que les bras spiraux abritent des étoiles plus jeunes.

LES GALAXIES LENTICULAIRES

De forme intermédiaire entre les galaxies spirales et elliptiques, les galaxies lenticulaires présentent un disque et un bulbe central mais pas de bras spiraux. Nombre d'entre elles ont consommé tous leurs gaz pour créer de nouvelles étoiles mais certaines, comme ici NGC 6861, renferment encore des traînées de poussières.

LES GALAXIES IRRÉGULIÈRES

C'est le type le plus rare de galaxie, sans structure reconnaissable. Les galaxies irrégulières sont remplies de gaz et de poussières et abritent de nombreuses étoiles jeunes et nébuleuses brillantes. En général, elles sont de petite taille, comme le Grand Nuage de Magellan ci-dessus, dont le diamètre est de seulement un dixième de celui de la Voie lactée.

EN INTERACTION

La plupart des galaxies sont très éloignées les unes des autres, mais quand deux d'entre elles se rapprochent trop, leur gravité provoque des déformations chez chacune. Ainsi, les bras spiraux de la galaxie UGC 1810 (ci-contre) sont attirés et déformés par la gravité de UGC 1813, sa galaxie « compagnon ». Cette interaction génère des nuages de gaz et déclenche la formation d'étoiles nouvelles.

UGC 1813 fait seulement un cinquième de la taille de sa galaxie compagnon plus grande UGC 1810.

LES TROUS NOIRS

La plupart des galaxies ont un trou noir supermassif en leur centre. Ce trou noir en lui-même est, par définition, invisible puisque sa gravité est si forte que même la lumière ne peut s'en échapper. Mais les astronomes peuvent observer le disque de matière qui, attirée par le trou noir, s'en approche en tournoyant.

LES TYPES D'ÉTOILES

Vues depuis la Terre dans le ciel nocturne, toutes les étoiles nous apparaissent comme de minuscules points de lumière scintillants. Pourtant, chacune est différente des autres, avec des caractéristiques qui lui sont propres. Les étoiles, en effet, varient d'une part par la taille : elles vont de formes naines plus petites que la Terre à des supergéantes dont le rayon peut être 1 000 fois supérieur à celui du Soleil. Elles varient d'autre part par la couleur, par la température et par la luminosité. Toutes ces caractéristiques, de même que leur durée de vie, sont en lien direct avec leur masse et leur âge.

Elles servent de critères aux astronomes pour les classifier.

PORTRAITS COMPARÉS

Cette illustration présente les tailles et les couleurs comparées des étoiles de différents types. Les plus froides émettent une lumière rouge ou orange, les plus chaudes une lumière blanche ou bleue. Les plus massives sont plus chaudes et plus lumineuses, mais elles ont une durée de vie plus courte.

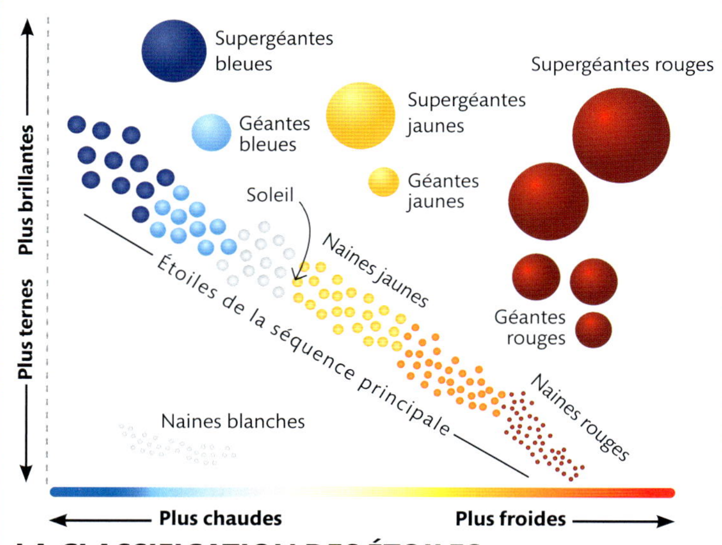

LA CLASSIFICATION DES ÉTOILES

Sur un diagramme répartissant les étoiles en fonction de leur luminosité et de leur couleur, les étoiles comme notre Soleil, qui sont en milieu de vie et « brûlent » de l'hydrogène dans leur noyau, figurent dans une bande diagonale appelée « séquence principale ». Les géantes et supergéantes se regroupent dans le haut, les minuscules naines blanches dans le bas.

Les supergéantes rouges sont les plus grosses étoiles de l'Univers.

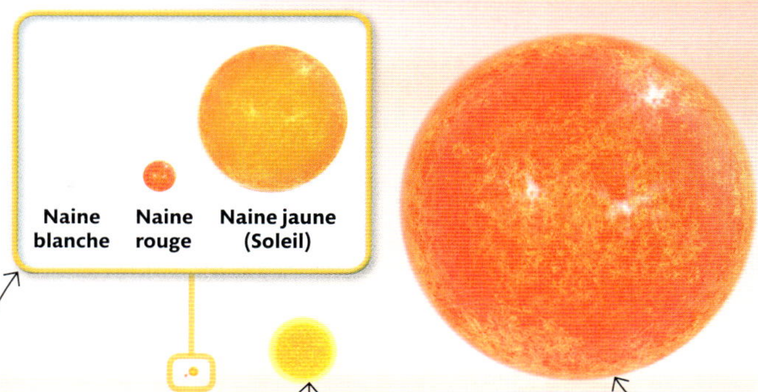

Les étoiles naines forment un groupe de petites étoiles peu lumineuses. La plupart sont de la taille de notre Soleil.

Les géantes jaunes sont au moins 1 000 fois plus brillantes que le Soleil.

Les géantes rouges ont épuisé l'hydrogène de leur noyau et ont augmenté de taille pour compenser la modification des réactions nucléaires en leur cœur.

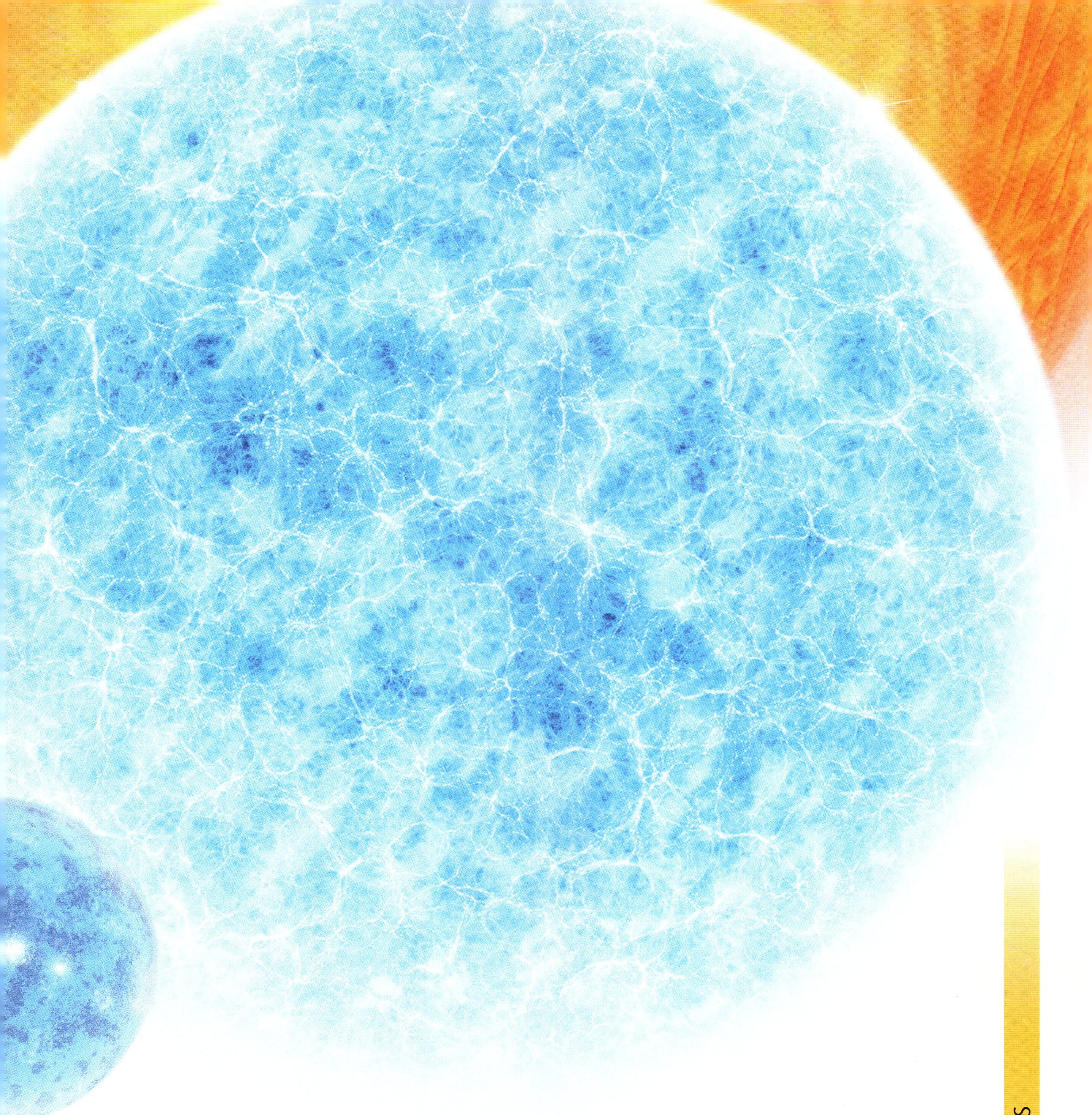

Les supergéantes bleues sont parmi les plus chaudes de toutes les étoiles, avec une température de surface comprise entre 20 000 et 50 000 °C.

Les hypergéantes bleues ont une durée de vie de seulement quelques millions d'années, ce qui est beaucoup plus court que celle du Soleil, qui est de 10 milliards d'années.

LA VIE DES ÉTOILES

Les étoiles se forment dans tout l'Univers. Toutes sont alimentées par des réactions nucléaires qui interviennent dans leur noyau et produisent de l'énergie en quantité gigantesque, notamment sous forme de chaleur et de lumière. Mais elles présentent des durées et des cycles de vie très distincts : certaines peuvent vivre des milliards d'années, d'autres seulement quelques millions. Et lorsque leur carburant nucléaire s'épuise, elles peuvent mourir subitement ou graduellement. Tout cela dépend en fait de leur masse !

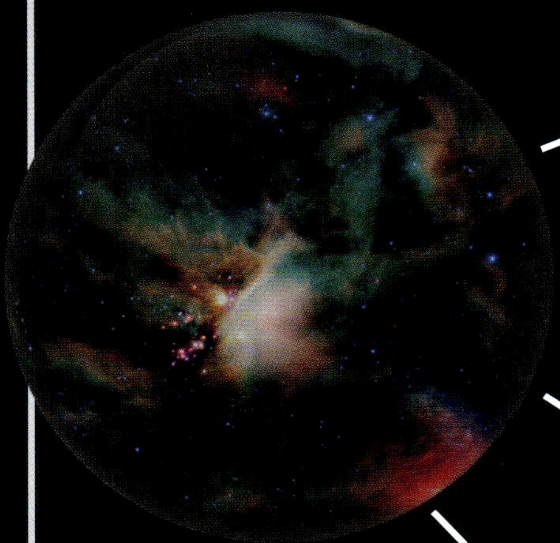

NUAGE DE GAZ

PROTOÉTOILE

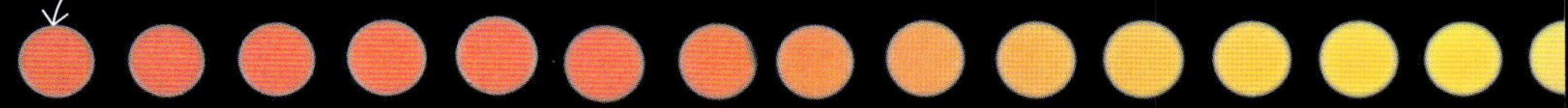

NAINE ROUGE Étoile de la séquence principale

LES PETITES ÉTOILES Les petites étoiles, dont la masse n'équivaut qu'au quart de la masse de notre Soleil ou moins, peuvent briller pendant des centaines de milliards d'années. Elles finissent par perdre leur énergie et leur matière, devenant de moins en moins brillantes jusqu'à ce qu'elles cessent complètement d'émettre de la lumière.

PROTOÉTOILE

NAINE JAUNE Étoile de la séquence principale

LES ÉTOILES MOYENNES Les étoiles dont la taille est proche de celle de notre Soleil peuvent vivre plusieurs milliards d'années. Lorsque leur fin approche, elles augmentent de volume jusqu'à éjecter leurs couches de gaz externes, laissant derrière elles un petit noyau chaud appelé naine blanche.

PROTOÉTOILE

La naissance des étoiles

Les étoiles peuvent être petites, moyennes ou grandes. Quoi qu'il en soit, toutes commencent sous la forme d'une protoétoile, c'est-à-dire un nuage de gaz et de poussières effondré sur lui-même sous l'effet de sa propre gravité mais qui n'a pas encore commencé à briller. Lorsque la protoétoile devient suffisamment chaude, des réactions nucléaires se mettent en place dans son noyau et l'étoile commence à briller. La plupart des étoiles brillent de façon stable pendant des millions ou des milliards d'années, une période pendant laquelle elles sont décrites comme des « étoiles de la séquence principale ».

LES ÉTOILES MASSIVES Les étoiles au moins huit fois plus massives que notre Soleil connaissent une mort explosive. Elles brillent très fort mais elles ont une durée de vie plus courte, qui se mesure en millions et non en milliards d'années. Une fois qu'une telle étoile a épuisé son carburant nucléaire, son noyau commence par s'effondrer sur lui-même avant d'entrer dans une gigantesque explosion appelée supernova qui disperse sa matière dans l'espace.

Étoile de la séquence principale

L'étoile refroidit et enfle en une énorme supergéante rouge, jusqu'à 100 fois plus grosse que sa taille initiale.

« Une unique supernova peut briller plus fort qu'une galaxie entière et ses milliards d'étoiles. »

LA COMPOSITION DES ÉTOILES

En 1925, l'astronome américano-britannique Cecilia Payne-Gaposchkin (1900-1979) découvrit que les étoiles sont essentiellement composées d'hydrogène et d'hélium, les deux éléments chimiques les plus légers. Tous les autres éléments, plus lourds, tels l'oxygène et le fer, constituent initialement moins de 2 % de la masse des étoiles.

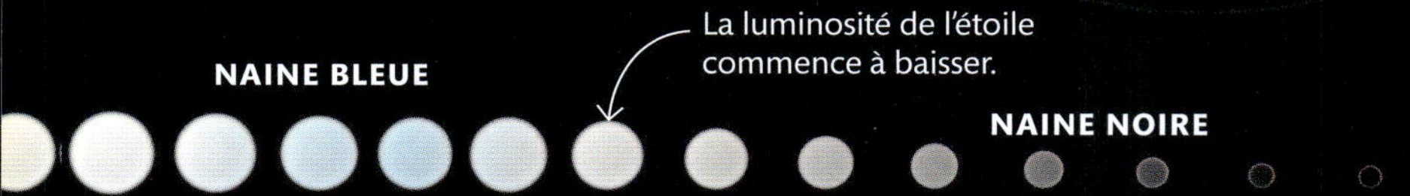

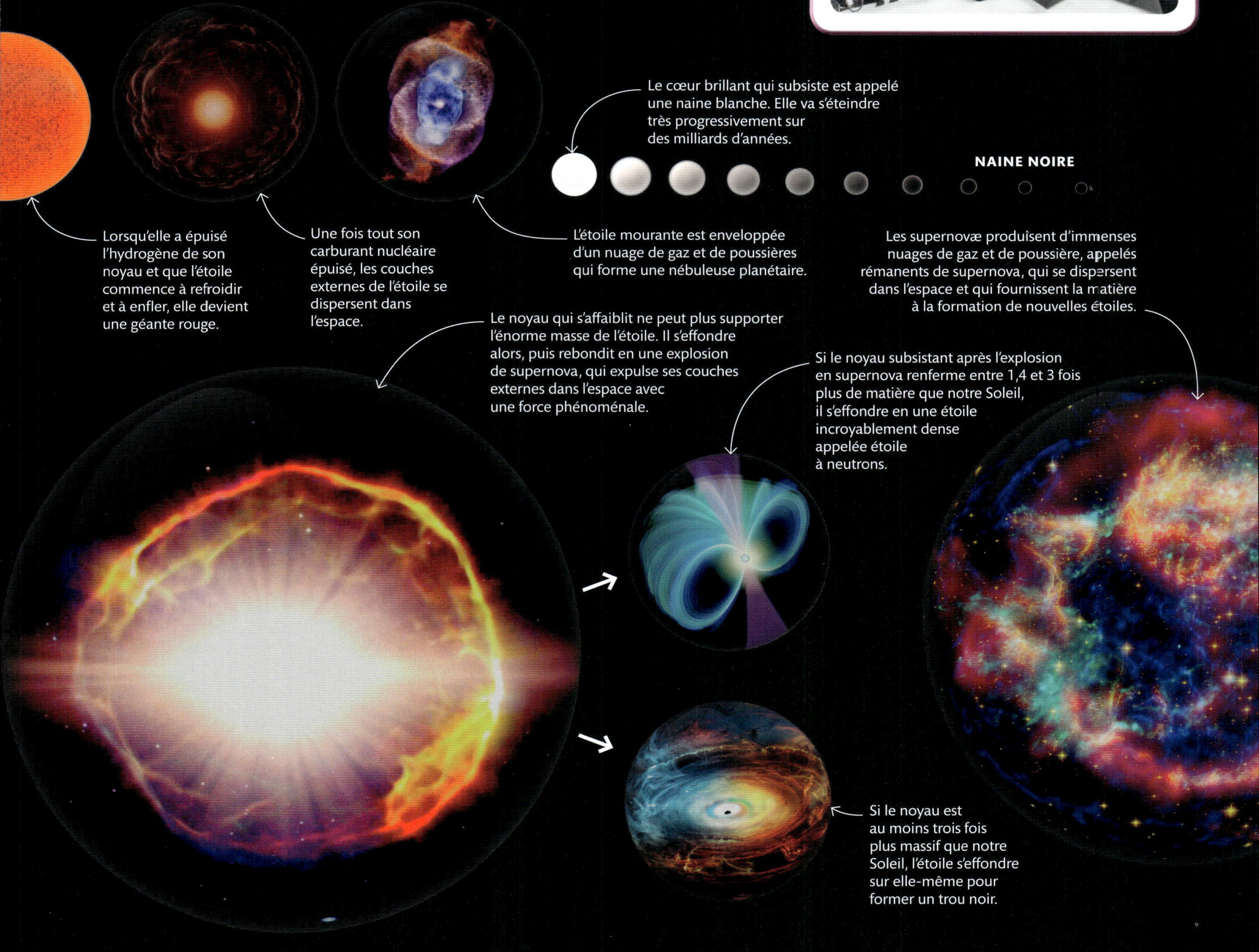

UNE BULLE DANS L'ESPACE

Cette fabuleuse image de la nébuleuse de la Bulle a été réalisée par le télescope spatial Hubble. Elle se présente comme un immense nuage de gaz et de poussières, en forme de ballon, généré par le vent stellaire d'une étoile géante environ 40 fois plus massive que notre Soleil. Des étoiles jeunes dispersées dans la nébuleuse illuminent le nuage.

LA FORMATION DES PLANÈTES

Le Système solaire s'est formé plus de huit milliards d'années après le big bang. Le Soleil lui-même est né dans une flambée de formation d'étoiles et, à ses débuts, il s'est trouvé entouré par un disque de gaz et de poussières stellaires. À partir de ces matériaux se formèrent les planètes et leurs satellites, les planètes naines, les astéroïdes et les comètes. Ce processus de formation des planètes a débuté il y a 4,5 milliards d'années, et il fallut encore environ 700 millions d'années pour que se mette en place la structure du Système solaire que nous connaissons aujourd'hui. Les ultimes débris de sa formation tombent de nos jours sur Terre sous la forme des météorites.

« De nos jours, le Soleil contient 99,8 % de toute la matière du Système solaire. »

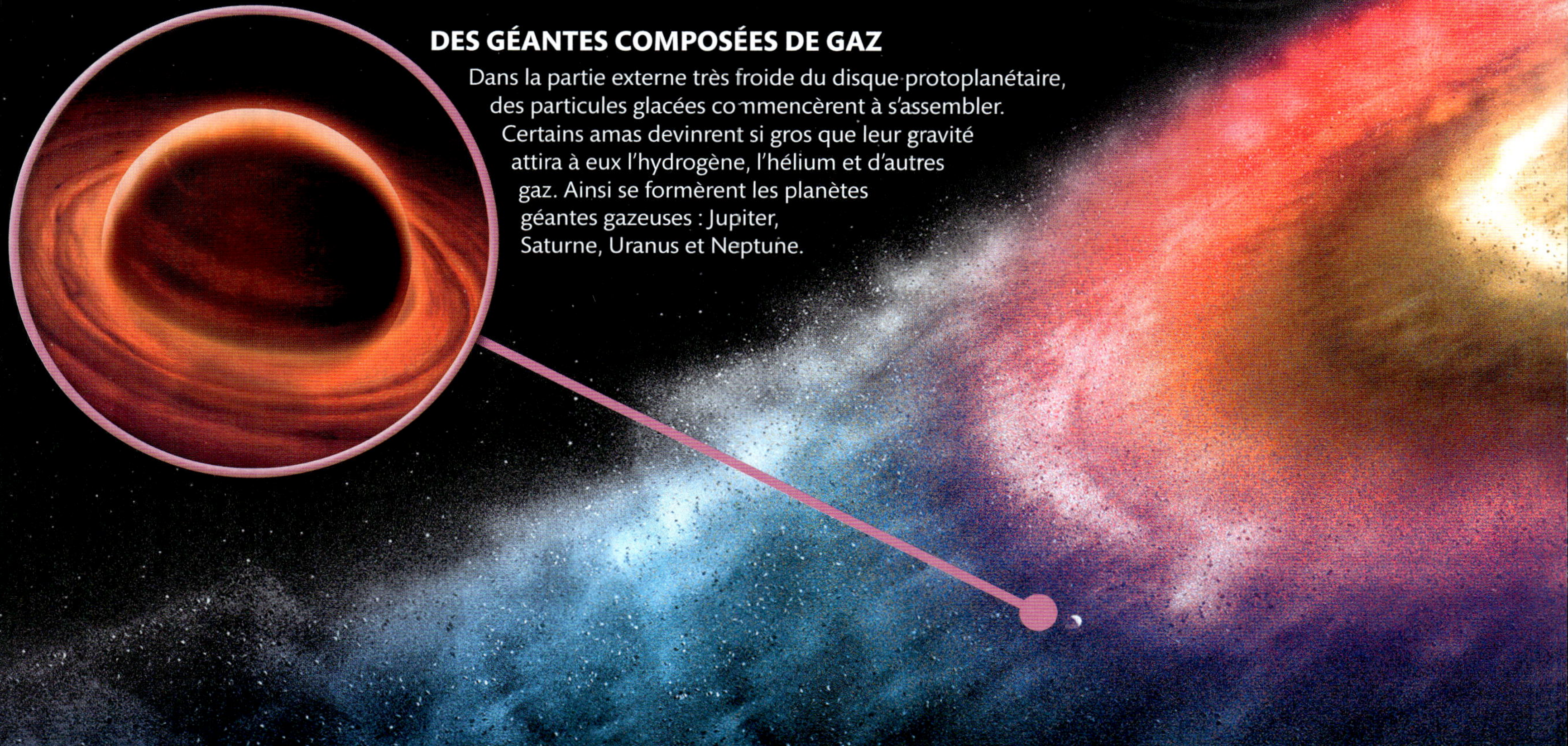

DES GÉANTES COMPOSÉES DE GAZ

Dans la partie externe très froide du disque protoplanétaire, des particules glacées commencèrent à s'assembler. Certains amas devinrent si gros que leur gravité attira à eux l'hydrogène, l'hélium et d'autres gaz. Ainsi se formèrent les planètes géantes gazeuses : Jupiter, Saturne, Uranus et Neptune.

LA NAISSANCE DU SYSTÈME SOLAIRE

Le Soleil se forma suite à l'effondrement sur lui-même, sous l'effet de sa propre gravité, d'un nuage géant de gaz et de poussières. Toute la matière attirée vers le centre constitua le Soleil. L'étoile se trouva encerclée par un disque tournoyant de particules. Durant des millions d'années, les collisions et l'action de la gravité au sein de ce disque allaient donner naissance au Système solaire, et notamment à notre planète la Terre.

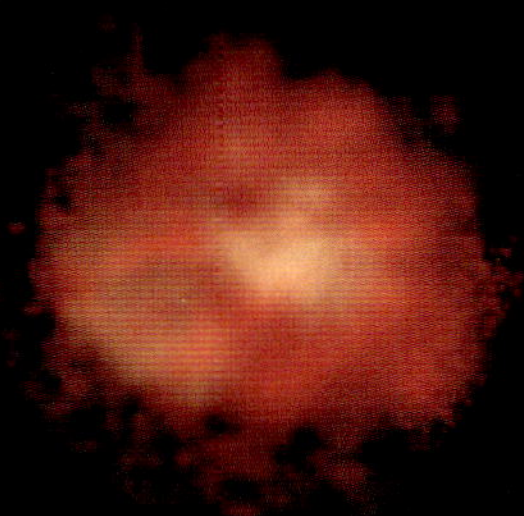

L'effondrement du nuage

Une poche de gaz au sein d'un immense nuage dans l'espace fut attirée sur elle-même sous l'effet de sa propre gravité. Tout en s'effondrant, elle se mit à tourner et à s'échauffer en son centre.

Un cœur brûlant

Des réactions nucléaires se lancèrent dans le cœur brûlant du nuage, qui se mit à briller. Le Soleil venait de naître, cerné par un disque tournoyant de matière.

LA NÉBULEUSE SOLAIRE

Tandis que le Soleil se formait dans un énorme nuage tournoyant de gaz et de poussières, un disque de matière se développa autour de son équateur, formant la nébuleuse solaire. La chaleur grandissante du Soleil provoqua la migration de la majeure partie des gaz vers l'extérieur du disque, laissant derrière eux, près de l'étoile, les matériaux rocheux et métalliques chauds. Ainsi naquit le disque protoplanétaire. Loin du Soleil, dans la partie externe du disque, il faisait assez froid pour que l'eau et les gaz se condensent en particules gelées solides.

L'ORIGINE DE LA LUNE

Très tôt après sa formation, il est possible que la Terre ait été heurtée par un corps de la taille de Mars. Le choc provoqua le basculement de 23 degrés de son axe de rotation, qui est à l'origine de nos saisons. Il provoqua en outre l'expulsion vers l'espace d'une partie de la masse de la Terre, qui forma un nuage de débris. Avec le temps, ceux-ci s'agrégèrent pour former un corps rocheux voisin : la Lune.

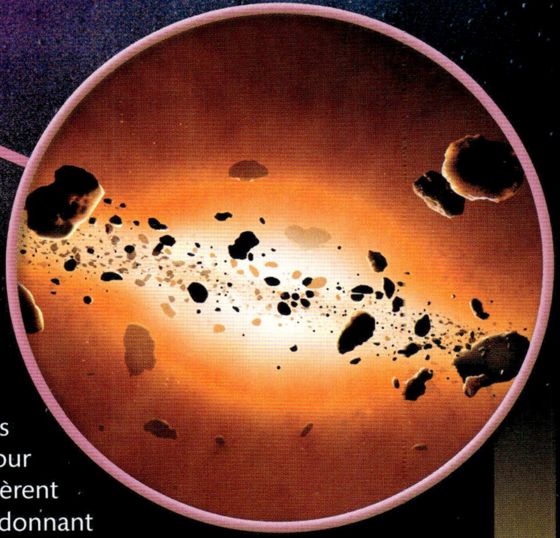

LES PLANÈTES ROCHEUSES

La partie centrale très chaude du disque tournoyant contenait des particules rocheuses et métalliques, qui s'agrégèrent et formèrent des protoplanètes. En attirant les débris alentour sous l'effet de leur gravité grandissante, elles nettoyèrent peu à peu l'espace autour de leurs orbites, donnant finalement naissance à quatre planètes rocheuses — ou telluriques — dotées d'un noyau constitué de fer : Mercure, Vénus, la Terre et Mars.

Les planétésimaux

Au sein du disque tournoyant, les particules s'assemblèrent en milliards de petits corps nommés planétésimaux.

Les planètes

Les collisions entre les planétésimaux firent apparaître des corps plus gros mais en moins grand nombre. Ainsi apparurent les huit planètes du Système solaire.

Le Système solaire

Les orbites des planètes se modifièrent au cours du temps jusqu'à ce qu'elles se stabilisent dans leur position actuelle il y a environ 3,9 milliards d'années.

LE SYSTÈME SOLAIRE

Huit planètes, cinq planètes naines, plus de 500 satellites naturels et des millions d'astéroïdes et de comètes, l'ensemble tournant autour de l'étoile que nous appelons Soleil, constituent notre Système solaire. Maintenus rassemblés par la gravité produite par le Soleil, la plupart de ces corps gravitent autour de ce dernier en suivant des trajectoires appelées orbites. Plus l'un de ces corps est éloigné du Soleil, plus son orbite est longue. Ce Système solaire n'est qu'un parmi des milliards d'autres systèmes similaires existant dans l'Univers en place autour d'autres étoiles.

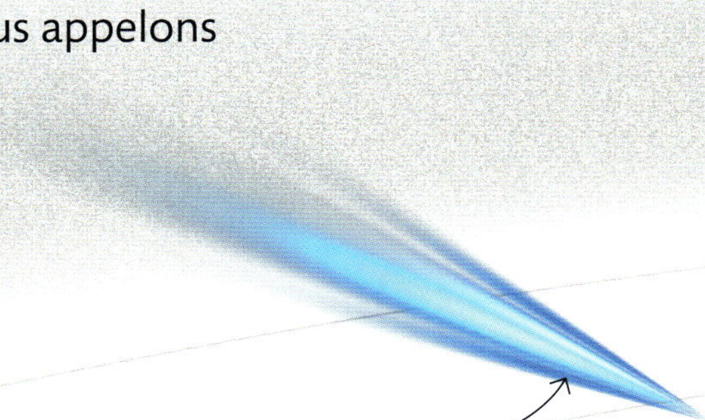

Les comètes
Ces boules de glace chargées de débris rocheux s'échauffent lorsqu'elles s'approchent du Soleil, libérant de la poussière et des gaz qui s'échappent en longues queues de leur noyau.

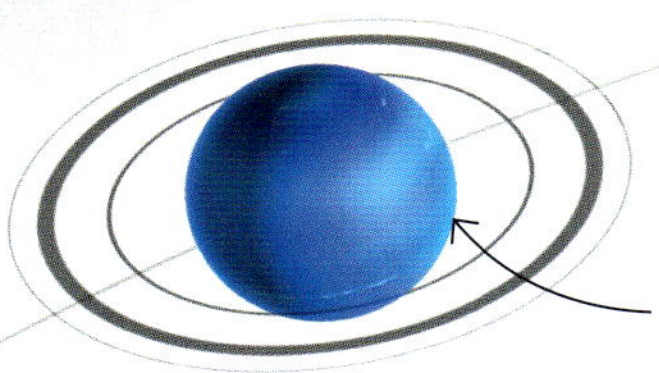

Neptune
Cette lointaine planète est 30 fois plus éloignée du Soleil que la Terre. Neptune met 163,7 années terrestres pour parcourir la totalité de son orbite autour de notre étoile.

LES PLANÈTES

Les quatre planètes rocheuses, ou telluriques, sont les plus proches du Soleil et sont qualifiées pour cette raison de planètes internes, ou intérieures. Elles sont beaucoup plus petites que les quatre planètes géantes externes – ou extérieures –, qui sont essentiellement constituées de gaz. Plus de 150 lunes, ou satellites naturels, en orbite autour des planètes, sont connues dans le Système solaire.

Jupiter
Deux fois plus massif que les sept autres planètes réunies, ce globe géant compte 79 lunes : plus qu'aucune autre planète.

Uranus
Cette planète géante gazeuse gravite autour du Soleil couchée sur son axe de rotation. Elle compte 27 lunes.

La ceinture d'astéroïdes
Une partie des vestiges rocheux ayant subsisté à la formation du Système solaire occupe une vaste région de l'espace située entre les orbites de Mars et Jupiter. Plus de 1,1 million d'astéroïdes qui la composent présentent un diamètre de 1 km ou plus.

LE NUAGE D'OORT

Bien qu'ils ne l'aient encore jamais observée, les scientifiques pensent qu'il existe, enveloppant le Système solaire comme une coquille, une épaisse couche qu'ils nomment nuage d'Oort, constituée de plus d'un billion – mille milliards – de petits corps glacés : noyaux de comètes et autres débris spatiaux. Naissant au-delà de la ceinture de Kuiper, elle s'étendrait vers l'espace jusqu'à 100 000 fois la distance Terre-Soleil.

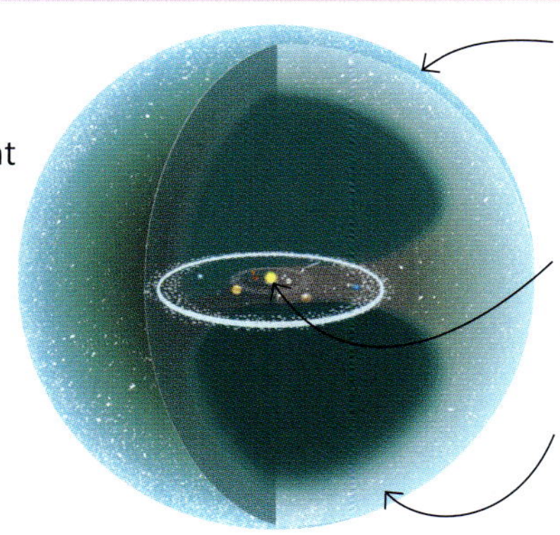

La ceinture de Kuiper
Au-delà de l'orbite de Neptune s'étend la ceinture de Kuiper, une région de l'espace contenant des corps glacés. Nombre de comètes en proviennent.

Le Soleil
Grosse boule très chaude et brillante essentiellement composée d'hydrogène et d'hélium, le Soleil est une étoile de type naine jaune en milieu de vie. Elle dégage d'énormes quantités d'énergie sous forme de chaleur et de lumière, et sa gravité maintient assemblés tous les éléments du Système solaire.

Mercure
La plus petite des huit planètes, Mercure, est aussi la plus proche du Soleil. Elle met seulement 88 jours terrestres pour parcourir en totalité son orbite elliptique autour de l'étoile.

Vénus
Son atmosphère lourde et dense retient la chaleur, faisant de Vénus la planète la plus chaude de tout le Système solaire.

La Terre
Seul endroit connu à ce jour pour abriter des formes de vie, la Terre se situe à une distance moyenne de 150 millions de km du Soleil, une zone où il ne fait ni trop froid ni trop chaud. C'est notamment pour cette raison que la vie a pu s'y développer.

Les Troyens
Ce groupe d'astéroïdes gravite autour du Soleil sur la même orbite que la planète géante Jupiter.

Saturne
Deuxième plus grosse planète du Système solaire, Saturne présente un diamètre plus de neuf fois plus large que celui de la Terre. Son système d'anneaux, composé de glace et de poussières, est le plus spectaculaire de toutes les planètes.

Mars
Quatrième planète à partir du Soleil, Mars est le corps céleste le plus étudié et donc le mieux connu après la Terre. Sa taille est environ moitié moindre que celle de notre planète.

L'OBSERVATION DE L'ESPACE

Grâce à la variété des technologies dont ils disposent, les astronomes voient très loin dans l'espace. Les objets célestes émettent de la lumière et d'autres rayonnements voyageant sous la forme d'ondes électromagnétiques de différentes fréquences. Les télescopes optiques traditionnels collectent la lumière visible et produisent des images infiniment plus détaillées que ce que peut voir l'œil nu. Mais les rayonnements invisibles sont également captés pour produire d'autres images qui permettent de compléter la connaissance. Toutes les images reproduites ici montrent, dans une gamme d'ondes différente, la nébuleuse du Crabe, vestiges d'une étoile ayant explosé à 6 500 années-lumière de la Terre.

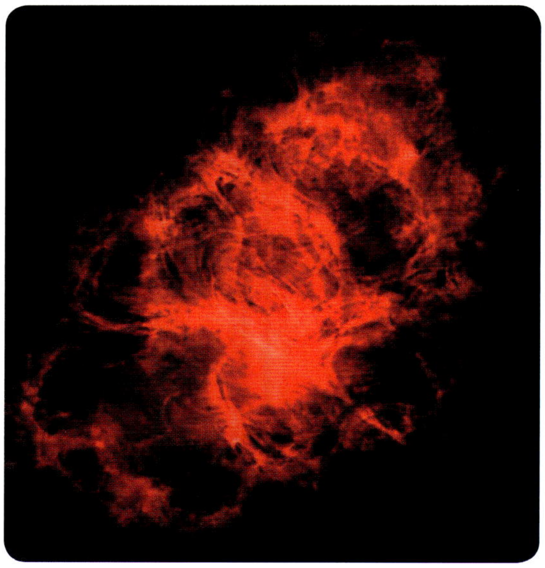

LES ONDES RADIO

Les antennes paraboliques des radiotélescopes terrestres captent les ondes radio qui traversent la couverture nuageuse. Les gaz froids interstellaires aussi bien que les gaz très chauds au sein des galaxies et des nébuleuses en émettent. Cette image radio de la nébuleuse du Crabe montre des filaments gazeux.

Une antenne du radiotélescope Very Large Array

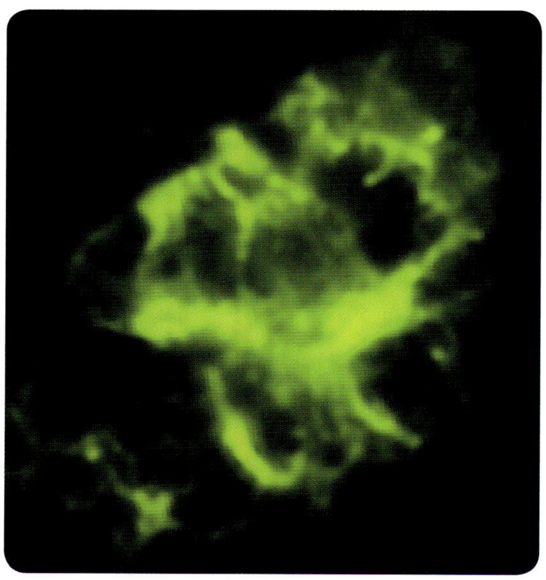

LES INFRAROUGES

Les rayonnements infrarouges sont émis par de nombreux objets dans l'espace, parmi lesquels la nébuleuse du Crabe. De longueurs d'onde plus grandes que la lumière visible, ils transportent moins d'énergie. Certains traversent l'atmosphère terrestre, mais la plupart des observations dans cette gamme d'ondes sont réalisées par des télescopes spatiaux.

Le télescope spatial Spitzer, observatoire dans l'infrarouge

UNE IMAGE COMPOSITE

Cette image de la nébuleuse du Crabe a été réalisée en associant les images obtenues dans les gammes des ondes radio (en rouge), des infrarouges (en jaune), des ultraviolets (en bleu) et des rayons X (en violet) avec une photo obtenue dans la lumière visible par le télescope spatial Hubble (en vert). En combinant ainsi les vues de cinq télescopes

différents, les chercheurs reconstituent une image plus complète présentant une quantité de détails qu'aucune des images originelles ne parvient à fournir.

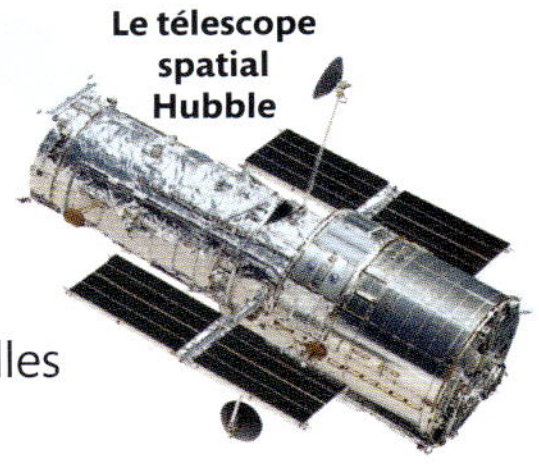

Le télescope spatial Hubble

LES ULTRAVIOLETS

Le rayonnement ultraviolet présente des longueurs d'onde plus courtes que la lumière visible et transporte plus d'énergie. Celui de la nébuleuse du Crabe provient de particules atomiques se déplaçant en spirale dans un puissant champ magnétique. Cette image est constituée de 75 vues réalisées par une caméra ultraviolette située dans l'observatoire spatial XMM-Newton.

L'observatoire spatial dans les rayons X XMM-Newton

LES RAYONS X

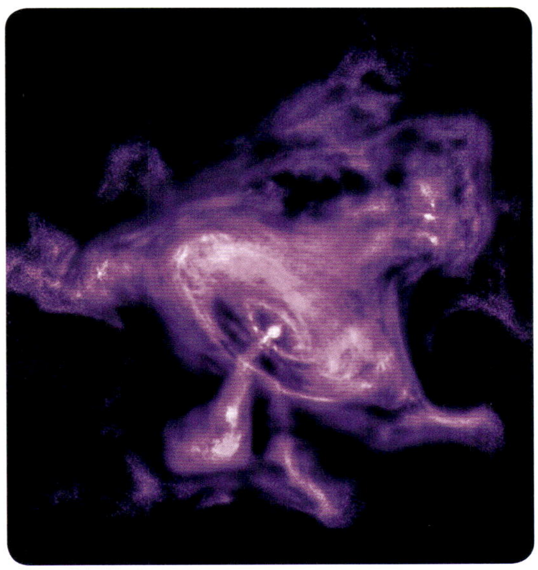

Plus puissants que le rayonnement ultraviolet, les rayons X sont émis par des gaz très chauds et des particules atomiques en mouvement très rapide. Cette image dans les rayons X de la région située autour du cœur de la nébuleuse du Crabe présente des jets et des anneaux de particules de haute énergie émis par le pulsar qui alimente toute la nébuleuse.

Chandra, observatoire spatial dans les rayons X

LES RAYONS GAMMA

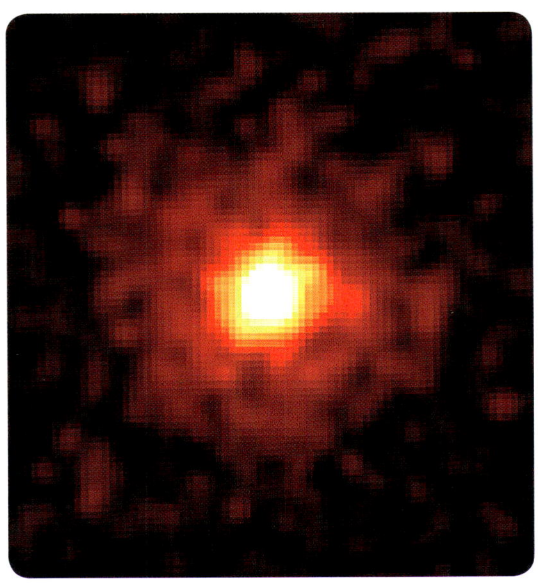

Présentant les longueurs d'onde les plus courtes, le rayonnement gamma est le plus énergétique de tous. Mais ses rayons sont difficiles à capturer et les images qu'ils produisent ne sont pas très détaillées. La plupart ne peuvent pénétrer l'atmosphère terrestre et doivent être observés depuis l'espace. Cette image montre un sursaut gamma produit par le pulsar de la nébuleuse du Crabe.

Le télescope spatial Fermi pour l'étude du rayonnement gamma

LE VOYAGE SPATIAL

L'ère du voyage dans l'espace a débuté au XXe siècle avec l'invention de la fusée, suivie par les sondes d'exploration robotisées et les vols et stations spatiaux habités. À ce jour, plus de 500 personnes ont voyagé dans l'espace, et nous avons envoyé des sondes non habitées vers toutes les planètes du Système solaire. La chronologie présentée ci-dessous rappelle quelques-unes des dates majeures de l'histoire de l'exploration spatiale.

La fusée de Goddard

L'ingénieur américain Robert Goddard met au point la première fusée à carburant liquide de l'histoire. Lancée à partir d'une armature métallique en guise de support, cette invention majeure s'élève à 12 m de haut pendant 2,5 secondes.

1926

1942

La fusée V-2

Spécialiste des fusées, le chercheur allemand Wernher von Braun construit, durant la Seconde Guerre mondiale, la tristement célèbre fusée V-2, conçue comme une arme. La première parcourra 190 km, démontrant que les fusées pourraient un jour atteindre l'espace.

Spoutnik 1

Cette sphère en métal de 58 cm de diamètre est le premier objet fabriqué par l'homme placé en orbite terrestre. Il embarque un émetteur alimenté par batterie qui va envoyer un « bip-bip » pendant 21 jours. Spoutnik 1 brûlera en rentrant dans l'atmosphère au bout de trois mois.

1957

1961

Youri Gagarine

Le cosmonaute soviétique Youri Gagarine devient le premier homme dans l'espace. Le 12 avril 1961, il effectue un tour complet de la Terre en un peu moins de deux heures à bord de la minuscule capsule Vostok 1.

Sojourner

Le rover Sojourner de la NASA est le premie atterrisseur doté de roues à toucher Mars. Il va rester trois mois en opération, prenant plus de 500 photographies et parcourant environ 100 m à la surface de la planète rouge.

1997

1998

La Station spatiale internationale

À peu près de la taille d'un terrain de football, la Station spatiale internationale, ou ISS, est le plus gros objet fabriqué par l'homme en orbite autour de la Terre. Sa construction dans l'espace a débuté en 1998 et, depuis 2000, elle est continuellement occupée par des équipages d'astronautes.

Philae

Le 12 novembre 2014, l'atterrisseur Philae est le premier à se poser sur une comète en touchant celle nommée 67P/Tchourioumov-Guérassimenko. Il a voyagé pendant plus de dix ans à bord de la sonde Rosetta avant de l'atteindre.

2014

2018

Hayabusa 2

Cette sonde japonaise atteint l'astéroïde Ryugu en octobre 2018. Trois des quatre atterrisseurs qu'elle largue pour aller explorer sa surface sont les premiers rovers à se déplacer par bonds sous la forme de vols paraboliques.

« C'est un **petit pas** pour un homme, un **bond de géant** pour l'humanité. »

Neil Armstrong, en posant le pied sur la Lune le 21 juillet 1969

Valentina Tereshkova

La Soviétique Valentina Tereshkova suit Gagarine et devient deux ans plus tard la première femme dans l'espace. Pilote de la mission Vostok 6, elle passe trois jours en orbite, faisant le tour de la Terre 48 fois.

1963

1965

La première sortie dans l'espace

Les Soviétiques mènent toujours la course à l'espace lorsque Aleksei Leonov effectue la première sortie extra-véhiculaire le 18 mars 1965. Il reste à l'extérieur du vaisseau Voskhod 2, auquel il est relié par une longe de sécurité, pendant 10 minutes.

L'alunissage d'Apollo 11

La mission Apollo 11 emporte les premiers astronautes sur la Lune. Le 21 juillet 1969, le monde entier suit à la télévision la retransmission des premiers pas des Américains Neil Armstrong et Buzz Aldrin sur le sol lunaire.

1969

1970

Lunokhod 1

Le premier rover lancé à la découverte d'un autre monde est le Lunokhod 1 soviétique. En novembre 1970, le vaisseau Luna 17 emporte ce rover contrôlé à distance sur la Lune, où il explore la surface rocheuse pendant près de dix mois.

Salyout 1

Salyout 1, première station spatiale de l'histoire, est lancée par les Soviétiques en 1971. Son équipage de trois hommes va y vivre 24 jours, démontrant qu'il est possible d'effectuer des séjours prolongés et de travailler dans l'espace.

1971

1976

Viking 1

Le premier appareil à se poser sur Mars est la sonde Viking 1 de la NASA. Elle va passer six ans à étudier la planète rouge. Outre les photos prises et les échantillons récoltés, Viking 1 recherche en vain des signes de vie extraterrestre.

Columbia

La navette spatiale Columbia, de la NASA, qui effectuera 28 vols, est le premier vaisseau spatial réutilisable. Cinq exemplaires de navettes seront lancés dans l'espace par des fusées, pour revenir se poser sur Terre comme des avions.

1982

1986

Mir

La station spatiale russe Mir est placée en orbite terrestre en 1986. De 1987 à 2000, elle sera occupée en permanence par un équipage de trois personnes. L'astronaute Valeri Polyakov passera 437 jours à son bord : le plus long séjour dans l'espace.

NASA

UN ROBONAUTE

R5 est un robot humanoïde de la NASA conçu pour supporter les environnements extrêmes. Il est capable de se déplacer librement, de conduire, de grimper, d'utiliser des outils et de se maintenir dressé sur un terrain accidenté. Dans le futur, la NASA espère qu'un tel robot accompagnera les astronautes dans une mission spatiale sur Mars, pour les aider à construire une base pour les visiteurs humains.

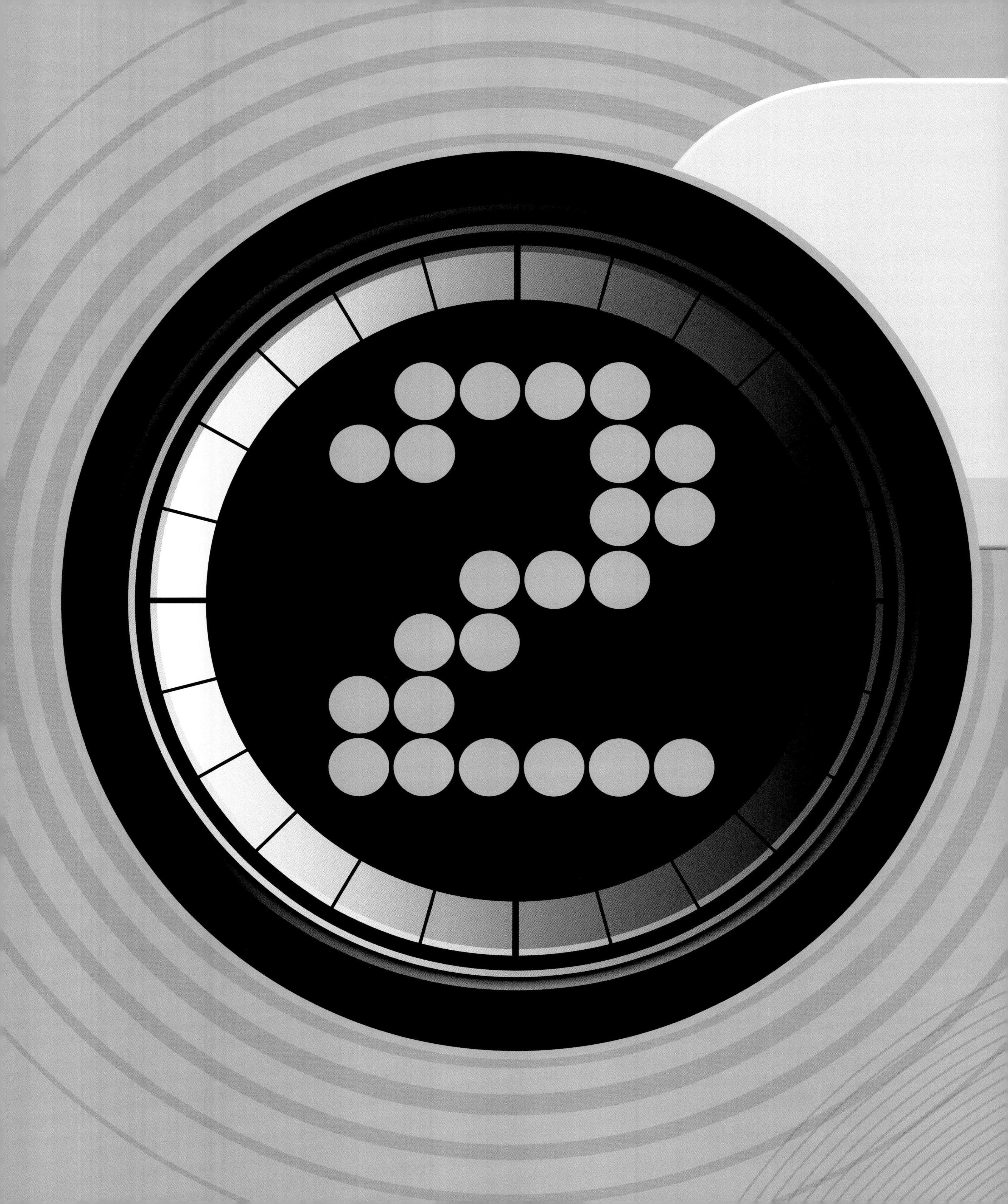
2

LE SYSTÈME SOLAIRE INTERNE

Quatre planètes rocheuses occupent le centre du Système solaire, dans la proche banlieue du Soleil. Notre planète, la Terre, en fait partie en compagnie de Mercure, Vénus et Mars ; elle est même la plus grosse du groupe. C'est dans cette région que s'est déroulé l'essentiel de l'exploration spatiale menée à ce jour.

NOTRE ÉTOILE
LE SOLEIL

Plus d'un million de planètes de la taille de la Terre pourraient entrer dans le volume du Soleil, l'énorme boule de gaz incandescents qui réchauffe et éclaire notre planète ainsi que le reste du Système solaire. Le Soleil est composé presque entièrement d'hydrogène et d'hélium. Les réactions nucléaires qui se déroulent en son noyau convertissent l'hydrogène en hélium, libérant de l'énergie sous la forme de lumière. Celle-ci voyage lentement vers la surface de l'étoile avant de se diffuser dans l'espace.

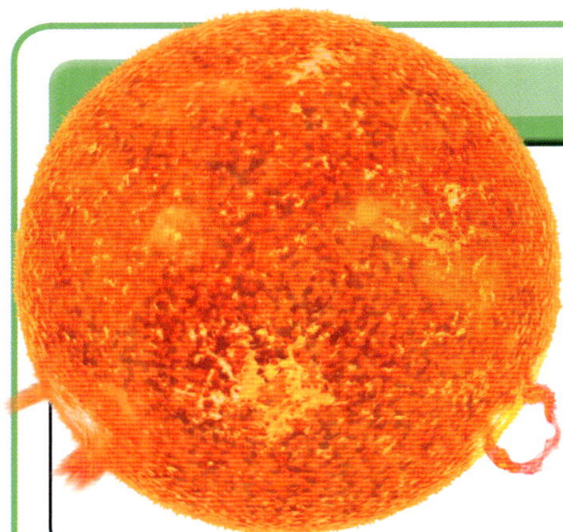

D'UN COUP D'ŒIL

- **TYPE D'ÉTOILE** Naine jaune
- **DISTANCE DE LA TERRE** 149,6 millions de km
- **DIAMÈTRE** 1,393684 million de km
- **MAGNITUDE** – 26,7 (dans le ciel terrestre)

À l'intérieur du Soleil

Cette vue en coupe du Soleil montre son noyau qui constitue son « réacteur nucléaire ». Elle présente aussi sa « surface » visible, très turbulente, appelée photosphère. Des boucles et des jets de gaz chauds en jaillissent, projetés loin dans l'atmosphère solaire, tandis que des rayonnements s'échappent de la photosphère et parcourent le Système solaire, notamment sous forme de chaleur et de lumière.

DES ORAGES DE LUMIÈRE

Outre la chaleur et la lumière, le Soleil émet des flux de particules de haute énergie formant le vent solaire. Le champ magnétique de la Terre nous protège de ses effets dangereux, mais les émissions puissantes de particules solaires produisent dans l'atmosphère terrestre des phénomènes lumineux appelés aurores.

Aurore boréale au-dessus de l'Islande

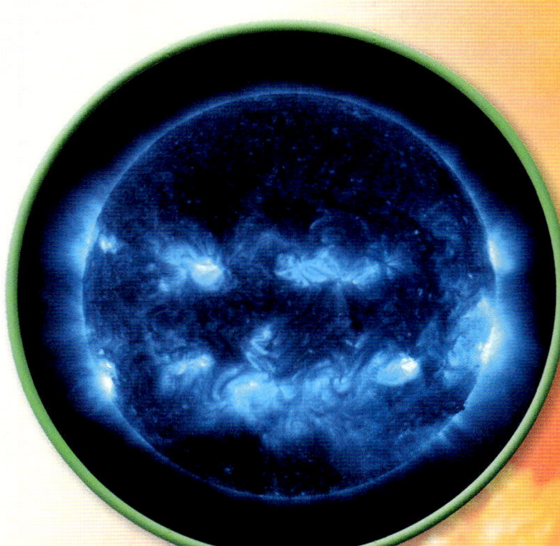

LA COURONNE SOLAIRE

L'atmosphère solaire est divisée en deux zones, l'une interne (la chromosphère), l'autre externe appelée couronne, qui s'étend sur près de dix millions de kilomètres dans l'espace. Photographiée ici en lumière ultraviolette (ci-dessus), la couronne forme, autour du Soleil, un halo de gaz dont la température atteint près de deux millions de degrés.

FAITS ET CHIFFRES

Le Soleil est l'étoile la plus proche de la Terre. Il s'est formé il y a environ 4,5 milliards d'années et brillera pendant encore autant de temps avant de se transformer en étoile géante rouge, laquelle finira par absorber notre planète.

LE VENT SOLAIRE

Le vent solaire peut atteindre, dans l'espace, la vitesse de 750 km/sec.

UNE GROSSE TACHE

La Grande Tache solaire de 1947 était assez grosse pour être visible à l'œil nu sur le soleil couchant.

LE CARBURANT

Le Soleil « brûle » plus de 500 millions de tonnes d'hydrogène chaque seconde dans son noyau.

L'ÉNERGIE

Le Soleil produit assez d'énergie en une seconde pour alimenter le monde pendant 27 800 ans.

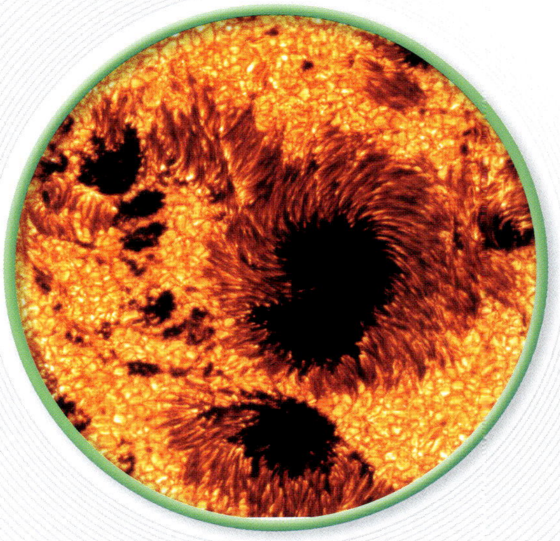

LES TACHES SOLAIRES

Des taches sombres apparaissent parfois temporairement à la surface du Soleil. Appelées « taches solaires », elles semblent sombres parce que leur température peut être jusqu'à 2 000 °C inférieure au reste de la surface, qui atteint quant à elle 5 800 °C.

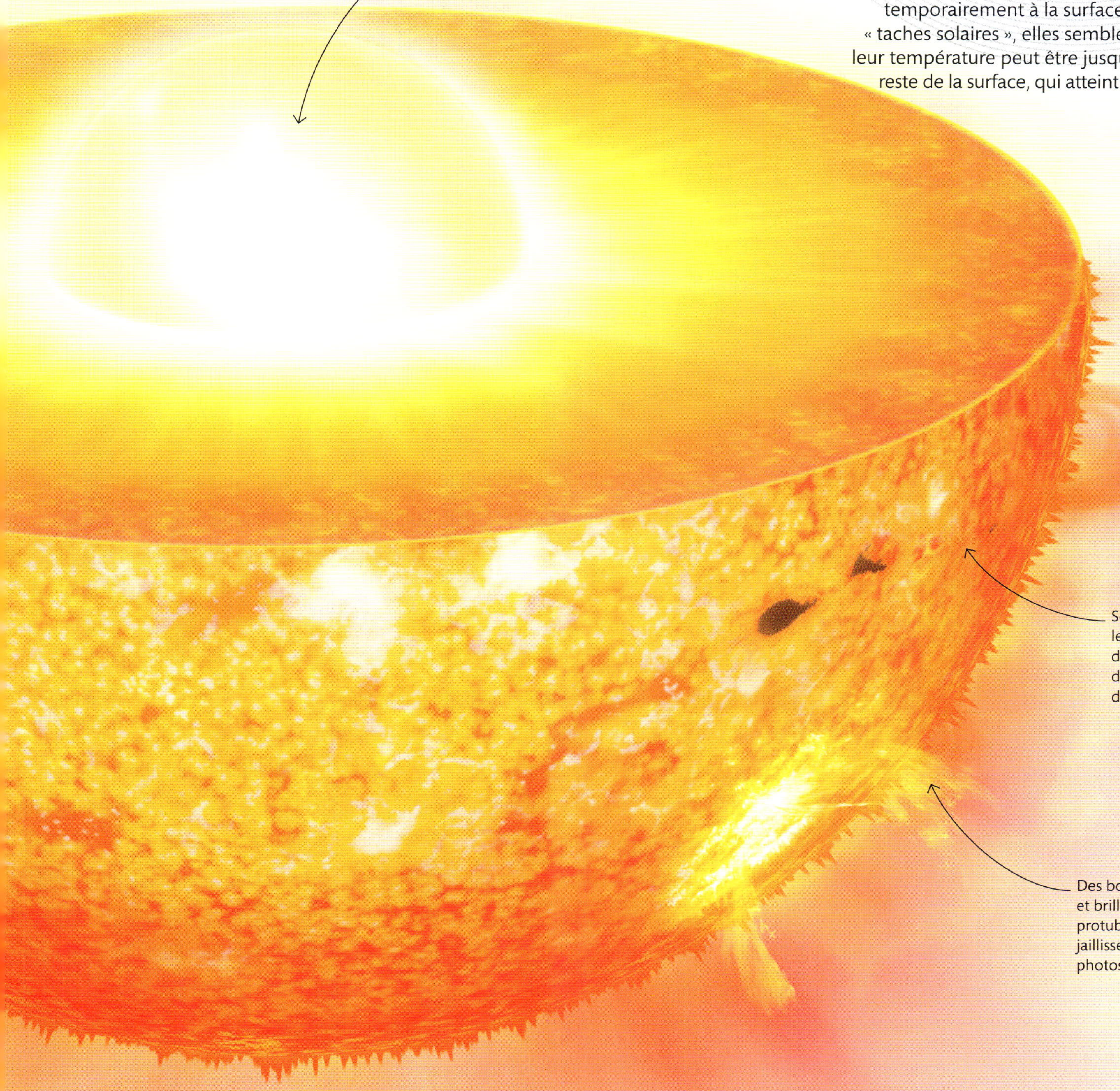

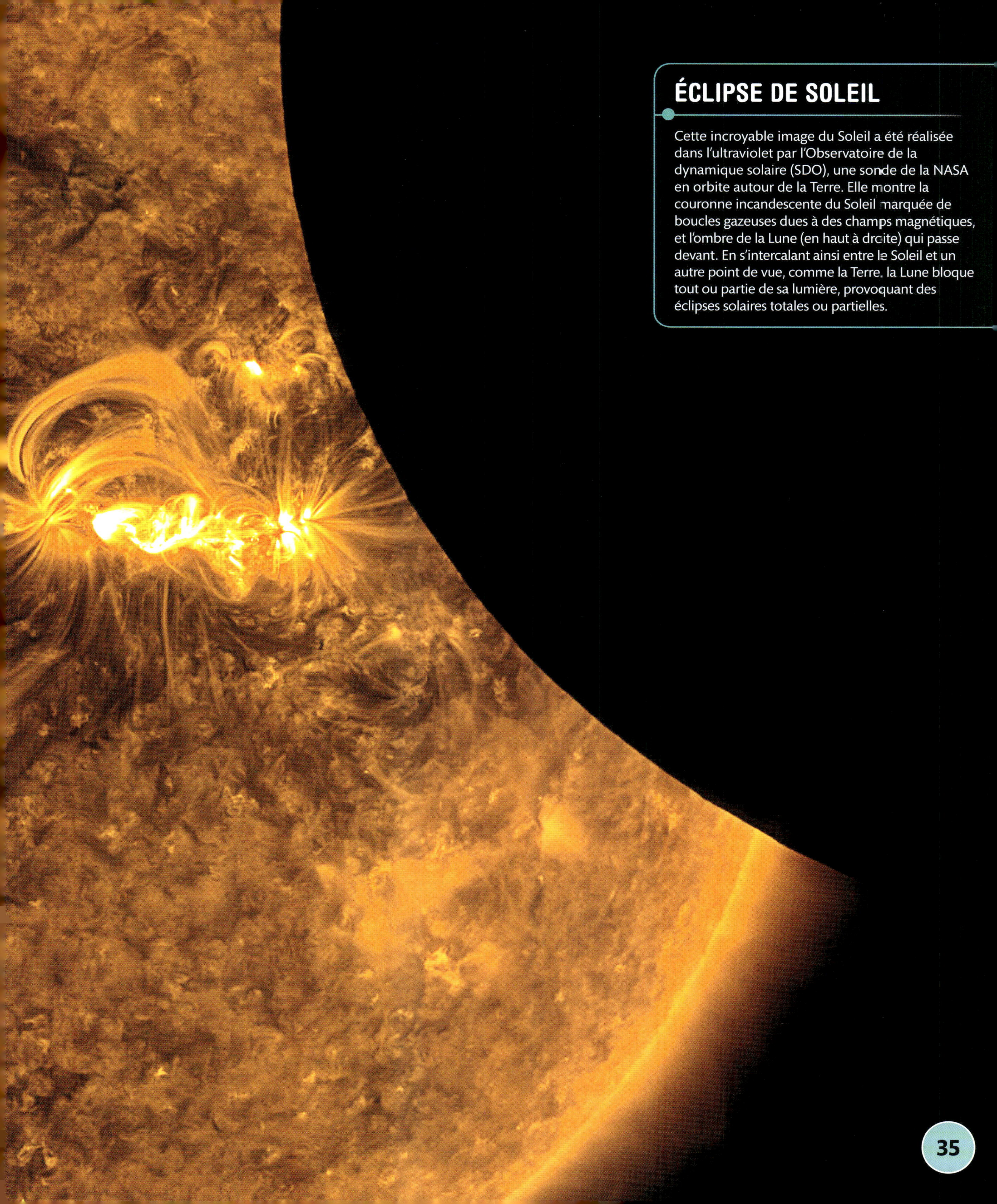

ÉCLIPSE DE SOLEIL

Cette incroyable image du Soleil a été réalisée dans l'ultraviolet par l'Observatoire de la dynamique solaire (SDO), une sonde de la NASA en orbite autour de la Terre. Elle montre la couronne incandescente du Soleil marquée de boucles gazeuses dues à des champs magnétiques, et l'ombre de la Lune (en haut à droite) qui passe devant. En s'intercalant ainsi entre le Soleil et un autre point de vue, comme la Terre, la Lune bloque tout ou partie de sa lumière, provoquant des éclipses solaires totales ou partielles.

UNE PLANÈTE TRÈS MARQUÉE

MERCURE

Cette planète, la plus petite et la plus rapide du Système solaire, est marquée de milliers de cratères, cicatrices des chutes d'astéroïdes et de météorites qui ont bombardé sa surface. Entre les cratères, de longues falaises appelées escarpements s'étirent par endroits sur des centaines de kilomètres, s'élevant parfois jusqu'à 3 000 m d'altitude. Avec une atmosphère quasi inexistante pour la protéger, Mercure connaît des températures extrêmes. Le jour, sa surface, exposée au plein rayonnement du Soleil tout proche, peut atteindre 430 °C – assez pour faire fondre le métal – mais, la nuit, elle peut plonger à – 180 °C... Glacial !

D'UN COUP D'ŒIL

- **DISTANCE MOYENNE DU SOLEIL** 57,9 millions de km
- **DIAMÈTRE** 4 879 km
- **DURÉE DU JOUR** 175,9 jours terrestres
- **DURÉE DE L'ANNÉE** 87,9 jours terrestres

Le cratère Rachmaninov, avec un dénivelé de 5 380 m, est le point le plus profond de Mercure.

FAITS ET CHIFFRES

Pour les Romains, Mercure était le dieu du commerce ainsi que le rapide messager des dieux. La planète Mercure lui doit son nom parce que c'est la planète la plus rapide du Système solaire dans sa révolution autour du Soleil.

VITESSE ORBITALE

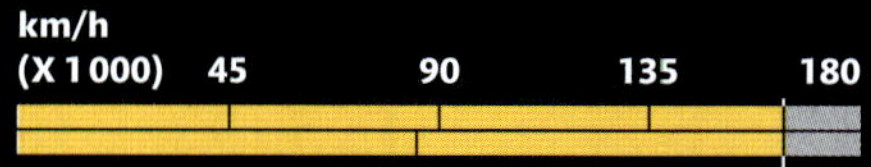

Mercure parcourt son orbite autour du Soleil à la vitesse moyenne de 170 500 km/h, ce qui en fait la planète la plus rapide du Système solaire.

PLUS GRAND CRATÈRE

Avec 1 525 km de diamètre, le Bassin Caloris est le plus grand cratère de Mercure.

DES CRATÈRES PARTOUT

D'aspect lunaire, la surface de Mercure est recouverte de cratères, dont plus de 390 ont reçu le nom d'artistes, d'écrivains et de compositeurs célèbres. Sous la roche nue de la surface, un gros noyau ferreux occupe près des trois quarts du volume de la planète.

LA PLANÈTE LA PLUS PROCHE DU SOLEIL

UN MONDE BRÛLANT

VÉNUS

D'une taille proche de celle de la Terre et constituée des mêmes types de roches et de métaux, Vénus est souvent citée comme la planète sœur de la Terre. Comme cette dernière, elle présente des canyons, des montagnes accidentées et de grands volcans. Mais les ressemblances s'arrêtent là car Vénus est beaucoup moins accueillante que notre planète ! Son atmosphère dense et étouffante est essentiellement composée de dioxyde de carbone dont l'effet de serre est si puissant que la chaleur régnant à la surface de la planète est suffisante pour faire fondre le plomb. D'épais nuages d'acide sulfurique tournent aussi autour de Vénus, poussés par des vents violents.

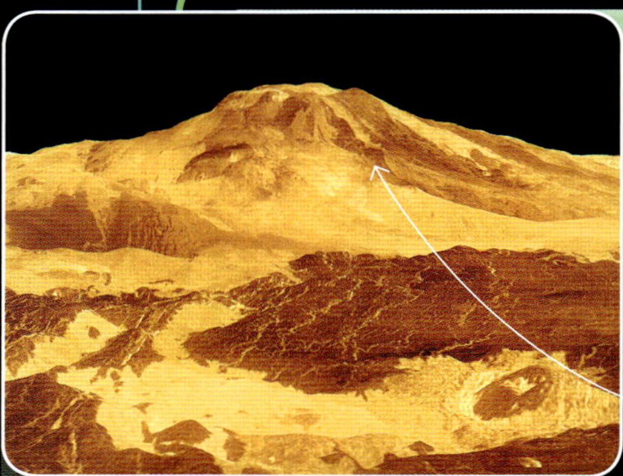

D'UN COUP D'ŒIL

- **DISTANCE MOYENNE DU SOLEIL** 108,2 millions de km
- **DIAMÈTRE** 12 104 km
- **DURÉE DU JOUR** 116,75 jours terr.
- **DURÉE DE L'ANNÉE** 224,7 jours terrestres

Maat Mons, le plus grand volcan de Vénus, atteint 395 km de diamètre et 8 000 m de haut.

FAITS ET CHIFFRES

La dense atmosphère de Vénus agit comme un miroir, réfléchissant 80 % du rayonnement solaire qui l'atteint.

ATMOSPHÈRE MORTELLE

Le dioxyde de carbone constitue 96,5 % de l'atmosphère vénusienne.

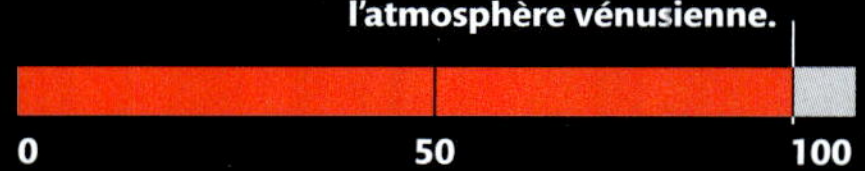

LUMINOSITÉ

Vénus est le deuxième objet le plus lumineux du ciel nocturne après la Lune.

TEMPÉRATURE

Sa température atteignant 470 °C, Vénus est la planète la plus chaude du Système solaire.

NOMBRE DE VOLCANS

PLUS DE 1 600

UNE CROÛTE NUE

Cette image, réalisée au radar pour percer l'épaisse atmosphère, révèle la surface rocheuse de la moitié nord de Vénus. La tache claire au centre est le massif montagneux le plus élevé de la planète : Maxwell Montes.

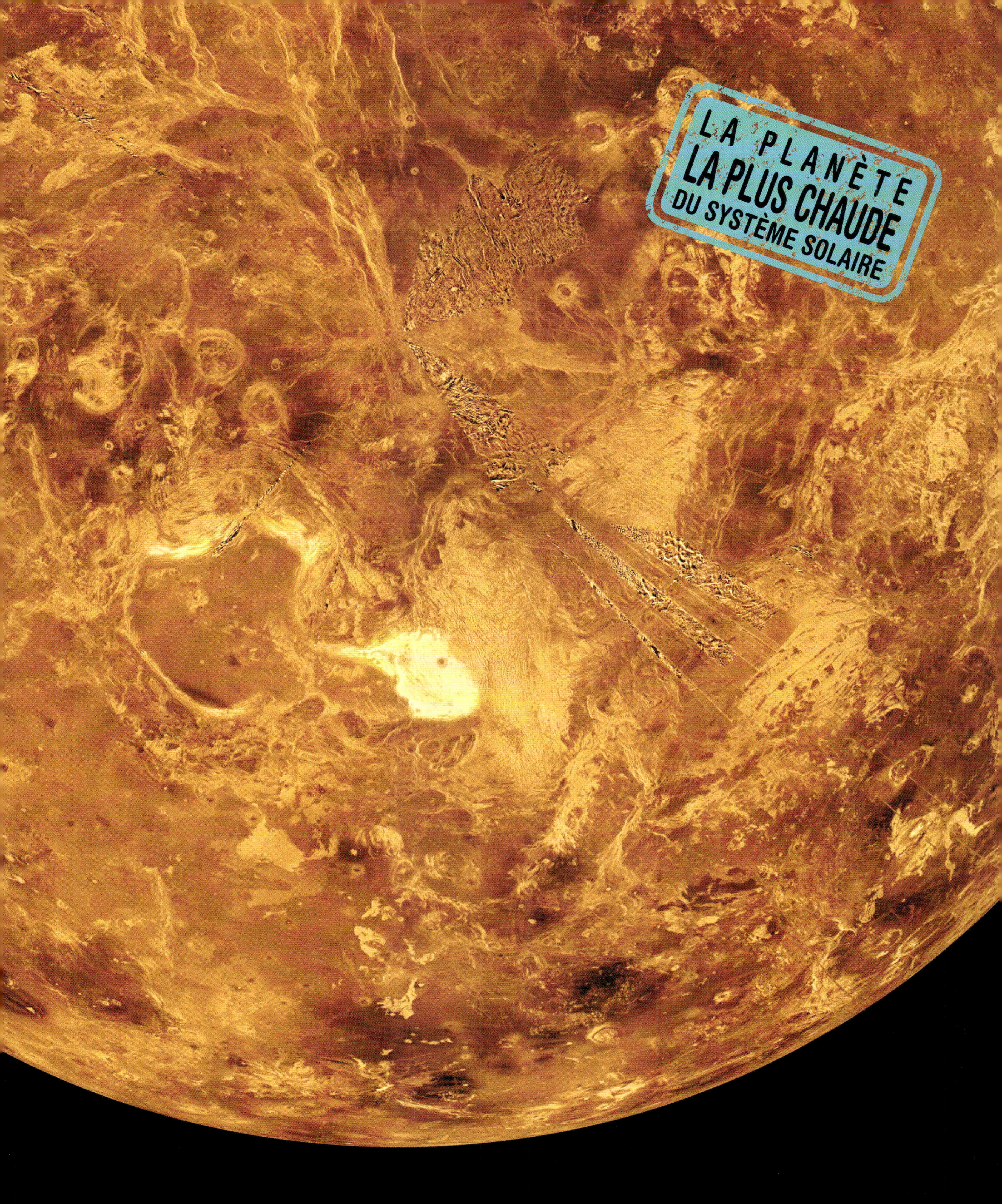
LA PLANÈTE
LA PLUS CHAUDE
DU SYSTÈME SOLAIRE

UNE PLANÈTE UNIQUE

LA TERRE

À ce jour, nous ne connaissons aucune autre planète qui, comme notre Terre, accueille la vie. Cette dernière présente l'exacte combinaison de conditions pour permettre à la vie de se développer et de se maintenir. Sa distance du Soleil fait qu'elle reçoit juste la bonne quantité de chaleur. Elle présente des océans d'eau à l'état liquide et une atmosphère protectrice. Et avec les forces de la nature qui la modèlent constamment, la surface de notre planète évolue sans cesse.

D'UN COUP D'ŒIL

- **DISTANCE MOYENNE DU SOLEIL** 149,6 millions de km
- **DIAMÈTRE** 12 756 km à l'équateur
- **TEMPÉRATURE MOYENNE EN SURFACE** 15 °C
- **DURÉE DE L'ANNÉE** 365,25 jours

La croûte terrestre est divisée en une série de plaques tectoniques assemblées comme un puzzle.

FAITS ET CHIFFRES

La Terre est la plus grosse des quatre planètes internes rocheuses, les trois autres étant Mercure, Vénus et Mars. Environ 29% de sa surface sont faits de terres émergées, mais seulement 12% sont habités par l'homme.

LA LUMIÈRE SOLAIRE

La lumière du Soleil met environ 8 minutes pour atteindre la Terre.

LE NOYAU

Avec sa température de 5 600 °C, le noyau interne de la Terre est aussi chaud que la surface du Soleil.

LA VIE ARCHAÏQUE

Avec 3,5 milliards d'années d'existence, les cyanobactéries sont parmi les plus anciens organismes.

LA GRANDE BARRIÈRE

Avec plus de 2 000 km de long, le récif de la Grande Barrière de corail, en Australie, est la plus grande structure vivante de la Terre.

Une Terre mouvante

La Terre est la seule planète du Système solaire dont la croûte rocheuse soit divisée en vastes blocs appelés plaques tectoniques. Ces plaques dérivent lentement à la surface du globe, mais nous ne percevons généralement leurs mouvements que lorsqu'elles produisent des séismes. Des volcans, des montagnes et de profondes fosses océaniques se forment à la jonction de ces plaques. Quant à l'atmosphère qui enveloppe notre planète, elle fournit l'oxygène pour respirer, retient la chaleur et protège la vie des rayonnements dangereux du Soleil.

UNE PLANÈTE VIVANTE

La Terre abrite une étonnante variété d'espèces de plantes et d'animaux, chacune étant adaptée pour survivre dans son milieu particulier. Certains environnements, comme les forêts pluviales tropicales et les récifs coralliens, regorgent de vie, mais celle-ci occupe aussi des milieux beaucoup moins hospitaliers, tels les déserts.

DÉSERT

FORÊT PLUVIALE TROPICALE

RÉCIF CORALLIEN

GLACE POLAIRE

LA TERRE VUE DE L'ESPACE

Lorsqu'on observe la Terre la nuit depuis l'espace, les signes de la présence de vie apparaissent évidents. Cette photo spectaculaire de notre planète a été réalisée par un satellite météo en orbite autour d'elle. Les zones brillantes sont les lumières des villes d'Europe, d'Afrique du Nord du Moyen-Orient et d'Asie, qui abritent une partie des quelque 7,6 milliards d'humains qui peuplent la planète.

LE SATELLITE DE LA TERRE

LA LUNE

Le seul objet céleste autre que la Terre où l'homme lui-même se soit posé à ce jour est la Lune, le satellite naturel de notre planète. Il s'agit d'un monde dépourvu d'atmosphère pour le protéger des rayonnements et des débris dangereux venus de l'espace, et où l'eau n'existe pas à l'état liquide. Contrairement à celle de la Terre, qui change continuellement sous l'effet de l'érosion et des mouvements de la croûte terrestre, la surface de la Lune est quasiment immuable : la majorité des milliers de cratères formés à sa surface lors de chutes d'astéroïdes y sont restés intacts depuis des milliards d'années.

D'UN COUP D'ŒIL

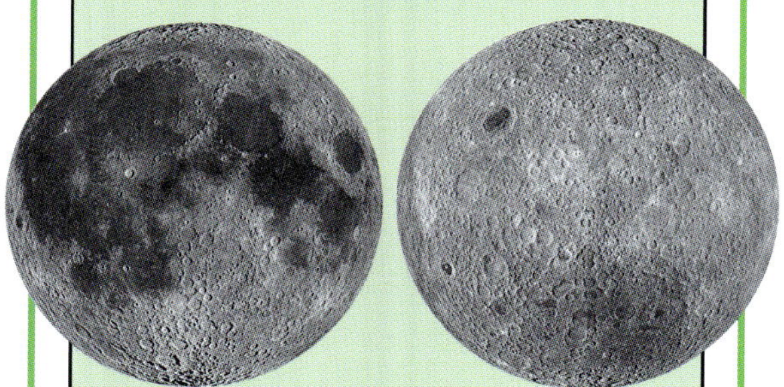

Face visible — Face cachée

- **DISTANCE MOYENNE DE LA TERRE** 384 400 km
- **DIAMÈTRE** 3 475 km
- **PÉRIODE ORBITALE AUTOUR DE LA TERRE** 27,32 jours terrestres
- **TEMPÉRATURE À LA SURFACE** de – 150 °C à 120 °C

Une structure interne en couche

La Lune s'est formée peu après la Terre il y a environ 4,5 milliards d'années. Elle était alors beaucoup plus chaude qu'aujourd'hui et son intérieur était en fusion. Les métaux lourds plongèrent, formant un noyau dans la composition duquel domine le fer, tandis que les matériaux plus légers remontèrent, formant les couches externes rocheuses. Les zones sombres à la surface sont appelées des « mers ». Les anciens astronomes croyaient en effet que ces régions étaient recouvertes d'eau. En fait, il s'agit de vastes cratères anciens remplis de lave solidifiée.

L'épaisseur de la fine croûte rocheuse de la Lune est comprise entre 70 et 150 km.

La surface tout entière de la Lune est couverte d'une couche de poussière fine, le régolite, atteignant plusieurs mètres d'épaisseur.

Il y a sur la Lune des milliers de cratères, qui sont les cicatrices des impacts de météorites et d'astéroïdes.

FAITS ET CHIFFRES

La Lune met autant de temps pour faire un tour complet sur elle-même qu'un tour complet de la Terre, ce qui fait qu'elle nous présente toujours la même face. Sa face cachée, seulement visible de l'espace, est plus lourdement ponctuée de cratères que sa face visible et présente moins de mers.

VITESSE ORBITALE

La Lune parcourt son orbite autour de la Terre à une vitesse moyenne d'environ 3 680 km/h.

TAILLE

D'un diamètre 4 fois plus petit que celui de la Terre, la Lune est le cinquième plus gros satellite naturel du Système solaire.

CLAIR DE LUNE

La Lune est l'objet le plus brillant du ciel nocturne mais elle n'émet pas sa propre lumière : elle reflète celle du Soleil.

TREMBLEMENTS DE LUNE

Tout comme il existe des séismes sur la Terre, le sol de la Lune est parfois animé de mouvements pouvant durer jusqu'à 1 h.

LES CRATÈRES

Il y a des milliards d'années, la Lune fut lourdement bombardée par des astéroïdes vestiges de la formation des planètes. Leur chute a donné naissance à des cratères dont la taille et la profondeur dépendent de la masse et de la vitesse de l'impacteur : les petits impacts donnent des cratères en forme de cuvette, les gros, des cratères très vastes avec des murailles en terrasses et des montagnes centrales.

La roche de l'espace

En l'absence d'atmosphère protectrice où elles brûlent, les roches venues de l'espace viennent heurter de plein fouet la surface lunaire.

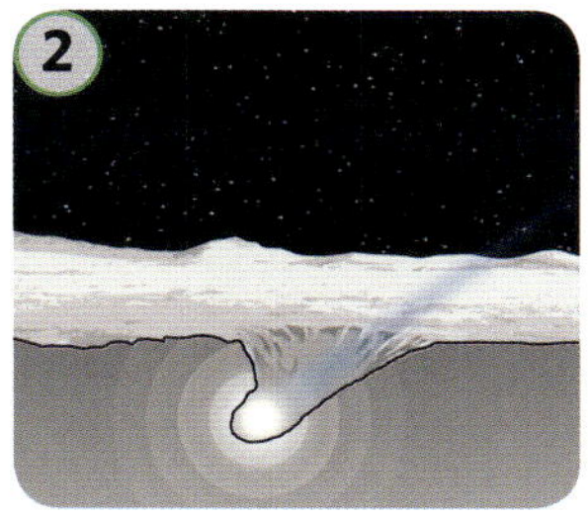

L'impact

L'impacteur venu de l'espace et une partie des roches de la surface lunaire sont vaporisés par l'énergie libérée lord de l'impact.

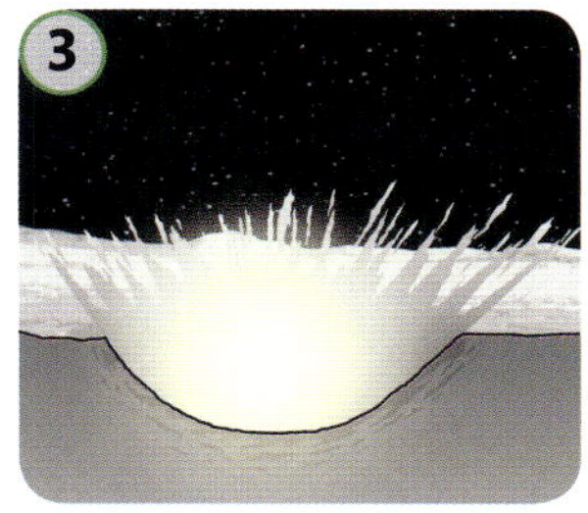

Les débris

Les matériaux du lieu de l'impact sont éjectés vers l'extérieur, formant une couche de débris dans tout le paysage alentour.

Le cratère

Dans un grand cratère, une partie des murailles retombe en formant des terrasses, et le sol au centre rebondit, formant un pic.

LES MONTS APENNINS

Situés sur la face visible de la Lune, les monts Apennins sont un spectaculaire exemple de chaîne de montagnes lunaire. S'étendant sur 600 km, ils comptent environ 3 000 sommets, notamment le point culminant de la Lune, le mont Huygens, baptisé en l'honneur de l'astronome hollandais Christiaan Huygens.

UN CRATÈRE D'IMPACT

Baptisé en l'honneur du moine et astronome du XVIe siècle Giordano Bruno, ce cratère d'impact de 22 km de large est situé sur la face cachée de la Lune. C'est l'un des plus récents des grands cratères lunaires. Les astronomes pensent qu'il s'est formé au cours des 10 derniers millions d'années. C'est très jeune comparé aux 4,51 milliards d'années d'existence de notre Lune.

LA PLANÈTE ROUGE

MARS

Il y a plus de 3,8 milliards d'années environ, Mars était une planète chaude et humide ; de nos jours, la température y est retombée et les rivières s'y sont asséchées. Depuis le passage de la première sonde en 1964, Mars est devenue la planète la plus explorée du Système solaire. La preuve de l'existence ancienne de plaines inondables et de lacs de cratère ainsi que la découverte de minéraux ne se formant qu'en présence d'eau ont conduit les scientifiques à penser que de l'eau liquide a dû jadis s'écouler sur Mars et qu'elle a peut-être abrité un début de vie.

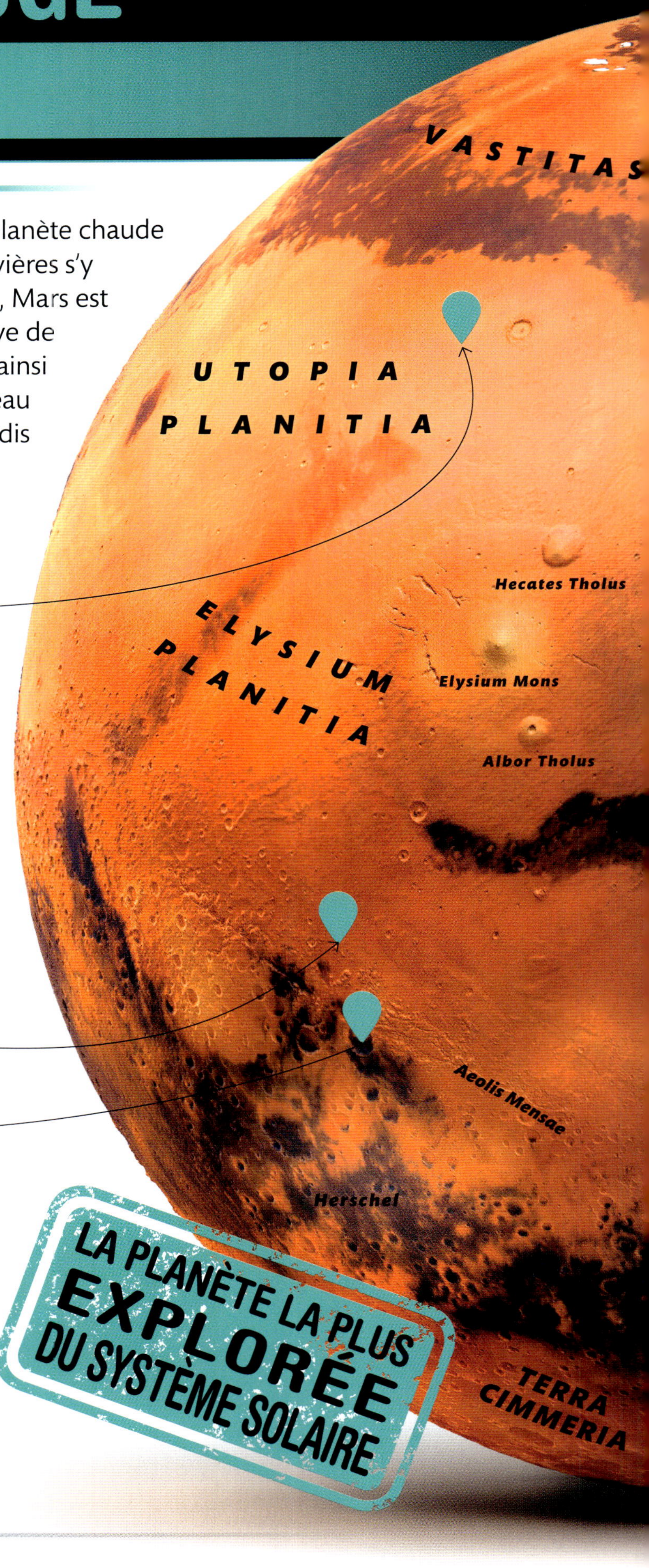

L'atterrisseur de la sonde Viking 2 s'est posé dans une vaste plaine baptisée Utopia Planitia en septembre 1976. Il nous a fait parvenir les premières images de la surface de Mars.

L'exploration de Mars

En 1971, l'atterrisseur de Mars 3 fut le premier à se poser avec succès sur la planète rouge. Depuis, plus de 40 sondes, atterrisseurs et rovers lancés par six nations différentes sont allés y mener des recherches. Les sites d'atterrissage de nombre d'atterrisseurs et rovers sont indiqués sur l'illustration ci-contre.

L'atterrisseur InSight de la NASA s'est posé sur Elysium Planitia en 2018. C'est la première mission utilisant un bras robotisé pour saisir des instruments embarqués, notamment un sismographe de conception française, et les déposer à la surface.

Le rover Curiosity a atterri dans le cratère Gale en 2012 et poursuit actuellement son exploration.

D'UN COUP D'ŒIL

Hebes Chasma est un gouffre profond situé près d'un vaste réseau de canyons à la surface de Mars.

- **DISTANCE MOYENNE DU SOLEIL** 228 millions de km
- **DIAMÈTRE** 6 792 km
- **DURÉE DU JOUR** 24,7 heures terrestres. Un jour martien est appelé un sol (S).
- **DURÉE DE L'ANNÉE** 687 jours terrestres

FAITS ET CHIFFRES

Les plus grandes tempêtes de poussière connues dans le Système solaire ont lieu sur Mars. On appelle cette dernière la planète rouge à cause de la couleur de sa surface, due aux oxydes de fer (rouille) présents en quantité dans sa couche supérieure.

GRAND CRATÈRE

Hellas Planitia, sur Mars, est le cratère d'impact le plus grand visible dans le Système solaire.

PHOBOS

Cette lune est en orbite si proche de Mars qu'elle en fait le tour en seulement 8 heures.

DE L'EAU SUR MARS

L'orbiteur Mars Express a découvert la présence d'un lac souterrain sous le pôle Sud de Mars.

FUTURES MISSIONS

On prévoit de poser l'homme sur Mars dans les années 2030.

LA PLANÈTE LA PLUS EXPLORÉE DU SYSTÈME SOLAIRE

La calotte de glace du pôle Nord martien est essentiellement composée d'eau gelée mêlée d'un peu de dioxyde de carbone gelé, appelé glace carbonique, en hiver. Chaque été, la glace carbonique s'évapore dans l'atmosphère.

L'atterrisseur Phoenix a atterri dans la plaine septentrionale nommée Vastitas Borealis en 2008. Première sonde à se poser près du pôle Nord, Phoenix détecta de l'eau gelée sous la surface et observa de la neige tombant des nuages de l'atmosphère ténue de la planète, essentiellement composée de dioxyde de carbone.

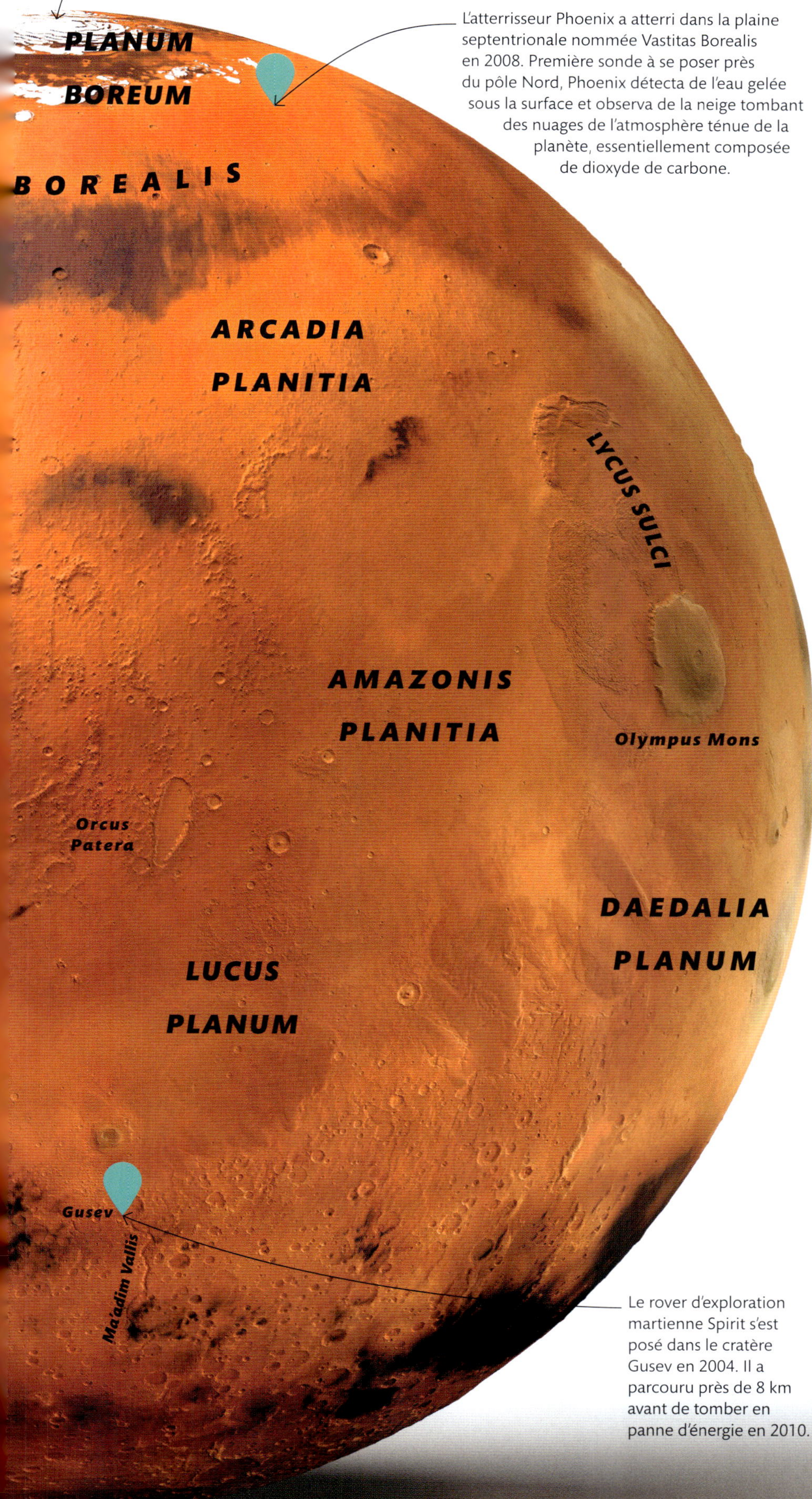

Le rover d'exploration martienne Spirit s'est posé dans le cratère Gusev en 2004. Il a parcouru près de 8 km avant de tomber en panne d'énergie en 2010.

PAYSAGES MARTIENS

Depuis des décennies, des sondes cartographient la surface de Mars, y compris ses calottes polaires, y détectant volcans, vallées, falaises et canyons. Ces éléments ont été photographiés pour élaborer une image claire des paysages variés de la planète.

UNE AVALANCHE DE GLACE
La sonde Mars Reconnaissance Orbiter a photographié une avalanche en train de se produire dans la calotte polaire nord. Lors de l'impact au sol, celle-ci produisit des nuages de poussière.

UNE IMPRESSIONNANTE MONTAGNE
La plus haute montagne connue dans le Système solaire est ce volcan bouclier sur Mars : Olympus Mons. Avec 25 km d'altitude, il atteint presque trois fois la hauteur de l'Everest.

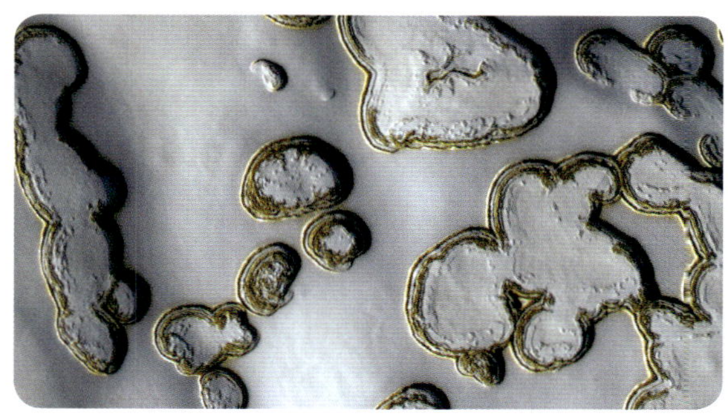

LES DÉPRESSIONS DU SUD
Durant l'été, dans l'hémisphère Sud de Mars, près du pôle, la couche de dioxyde de carbone gelée au sol commence à s'évaporer, dévoilant les bords de dépressions à fond plat.

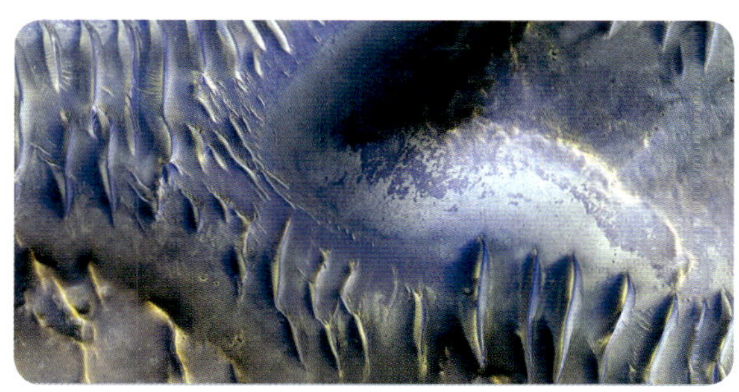

DES DUNES DE SABLE
Une partie de la surface martienne est couverte de dunes mouvantes, photographiées ici par Mars Reconnaissance Orbiter. Leur forme indique la direction des vents qui les a sculptées.

LE GRAND CANYON MARTIEN

Baptisé en l'honneur de la sonde Mariner 9, qui le découvrit en 1971, Valles Marineris est un immense canyon qui entaille la surface de la planète Mars, et la plus longue de toutes les formations de ce type dans le Système solaire. Il dépasse 4000 km de long : l'équivalent de la distance entre New York et Los Angeles, aux États-Unis. Cette photo, réalisée par la sonde Viking 1 de la NASA, ne montre qu'une portion du canyon.

PLUIE D'ÉTOILES FILANTES

LES PERSÉIDES

La pluie d'étoiles filantes des Perséides est un phénomène spectaculaire qui survient lorsque la trajectoire de la Terre dans l'espace croise un nuage de débris laissé sur son passage par une comète. Les minuscules particules de roche, de poussière et de glace pénètrent alors dans l'atmosphère terrestre à grande vitesse, où elles brûlent en formant, dans le ciel nocturne, de longues et brèves traînées de lumière. On les appelle météores ou, en langage courant, « étoiles filantes » : un nom plus poétique, bien qu'il ne s'agisse nullement d'étoiles. Les Perséides sont connues pour leurs météores rapides et très brillants qui reviennent chaque année.

LA PLUIE DE MÉTÉORES LA PLUS VISIBLE DE LA TERRE

D'UN COUP D'ŒIL

- **PIC D'ACTIVITÉ** Mi-août
- **ZONE D'OBSERVATION** Hémisphère Nord, plus visible après minuit
- **COMÈTE SOURCE** 109P/Swift-Tuttle
- **PREMIÈRE OBSERVATION CONNUE** En l'an 36 apr. J.-C., dans la Chine ancienne

FAITS ET CHIFFRES

Les pluies de météores semblent venir d'un même point du ciel, appelé le radiant. La constellation dans laquelle se situe le radiant donne son nom à la pluie de météores. Dans le cas des Perséides, il s'agit de Persée.

VITESSE

Les Perséides traversent l'atmosphère à environ 212 400 km/h.

km/h (× 1 000) 200 400

UN RECORD

La pluie de météores des Perséides de 1993 fut la plus dense jamais connue : plus de 300 par heure.

LE NOMBRE MAXIMUM

Le maximum de météores observés normalement par heure est de 100 environ.

DES BOULES DE FEU

Bien que les météores ne soient en général pas plus gros que des grains de sable, certains font la taille d'une bille. Dans le ciel nocturne, ils ressemblent à de mini-boules de feu, comme ce météore des Perséides.

ROC DE L'ESPACE

LA MÉTÉORITE D'HOBA

À la surface de la Terre chutent souvent des débris spatiaux trop gros pour brûler entièrement durant leur traversée de l'atmosphère. Appelés météorites, beaucoup tombent dans l'océan ou sont trop petits pour être détectables au sol. Quelques-uns se désintègrent en heurtant la planète, laissant une trace sous la forme d'un cratère d'impact. Ce ne fut certes pas le cas de la plus grosse et la plus lourde des météorites découvertes à ce jour : celle d'Hoba. Certains scientifiques pensent que ses larges faces plates l'ont freinée lors de sa chute à travers l'atmosphère terrestre, la ralentissant suffisamment pour qu'elle arrive au sol en une seule pièce. Trop lourde pour être déplacée, elle se trouve toujours là où elle est tombée, en Afrique australe, il y a environ 80 000 ans.

D'UN COUP D'ŒIL

- **LOCALISATION** Namibie, Afrique australe
- **DÉCOUVERTE** En 1920 sur la ferme d'Hoba West, par le propriétaire du terrain
- **ÂGE** Environ 4 300 millions d'années
- **TAILLE** 2,70 m × 2,70 m × 0,90 m

FAITS ET CHIFFRES

Plus de 40 000 météorites ont été découvertes sur Terre à ce jour. La plupart sont des morceaux d'astéroïdes qui se sont brisés au cours d'une collision dans l'espace. Beaucoup sont rocheuses, d'autres, telle celle d'Hoba, sont composées de fer et de nickel. Les plus rares sont faites d'un mélange de fer et de roches.

ÉQUIVALENCE

La météorite d'Hoba pèse autant que 10 éléphants d'Afrique.

COMPOSITION

Elle est composée de 84 % de fer et de 16 % de nickel, avec de petites traces de cobalt.

POIDS

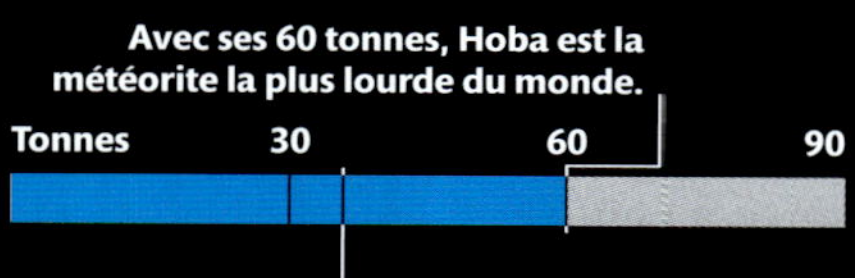

L'OXYDATION

Ce gros plan de la surface de la météorite d'Hoba montre ses faces ridées marquées de raies rouge orangé là où la rouille a attaqué le fer qu'elle renferme. Depuis sa découverte, on estime que la météorite a ainsi perdu 6 tonnes par oxydation et à cause des chasseurs de souvenirs.

UNE PLANÈTE NAINE

CÉRÈS

La ceinture d'astéroïdes est une vaste région où gravitent des débris spatiaux, entre les orbites de Mars et de Jupiter. Les astéroïdes qui la composent sont des vestiges rocheux de la formation du Système solaire, il y a 4,6 milliards d'années. Le plus massif d'entre eux, et le premier qui fut découvert, est Cérès. Parce qu'il a acquis une forme sphérique, il est aujourd'hui classifié comme une planète naine. En 2015, la sonde Dawn de la NASA fut la première mission à visiter Cérès, révélant son sol fortement marqué de cratères, la présence d'une montagne à l'aspect volcanique et nombre d'étonnantes taches claires à sa surface qui pourraient être un type de sel dû à des jaillissements d'eau souterraine.

D'UN COUP D'ŒIL

- **DISTANCE MOYENNE DU SOLEIL** 414 millions de km
- **DIAMÈTRE** 952,4 km à l'équateur
- **DURÉE DU JOUR** 9 heures terrestres
- **DURÉE DE L'ANNÉE** 1 682 jours terrestres

Ce grand cratère d'impact sur Cérès est nommé Occator.

FAITS ET CHIFFRES

La ceinture d'astéroïdes compte plus de 780 000 objets. Cérès est le plus gros d'entre eux et concentre un quart de toute la matière de la ceinture d'astéroïdes. Les autres objets varient en taille de 530 km à seulement 10 m de diamètre.

SA DÉCOUVERTE

Giuseppe Piazzi, un prêtre italien qui cherchait une étoile, a découvert Cérès en 1801.

SON EAU ?

Cérès a peut-être abrité de l'eau dans le passé, et en abrite peut-être encore aujourd'hui.

SON AIRE

La surface totale de Cérès est un peu moins grande que celle de l'Inde, sur Terre.

SES MONTAGNES

Ahuna Mons, le plus haut sommet de Cérès, atteint environ 5 000 m d'altitude.

DES TACHES CLAIRES

Le cratère Haulani, sur Cérès, mesure près de 34 km de diamètre. Il contient l'une des taches claires découvertes sur la planète naine, comme on le voit sur cette photo réalisée par la sonde Dawn de la NASA. La teinte bleutée dénote la présence sur Cérès de structures relativement jeunes.

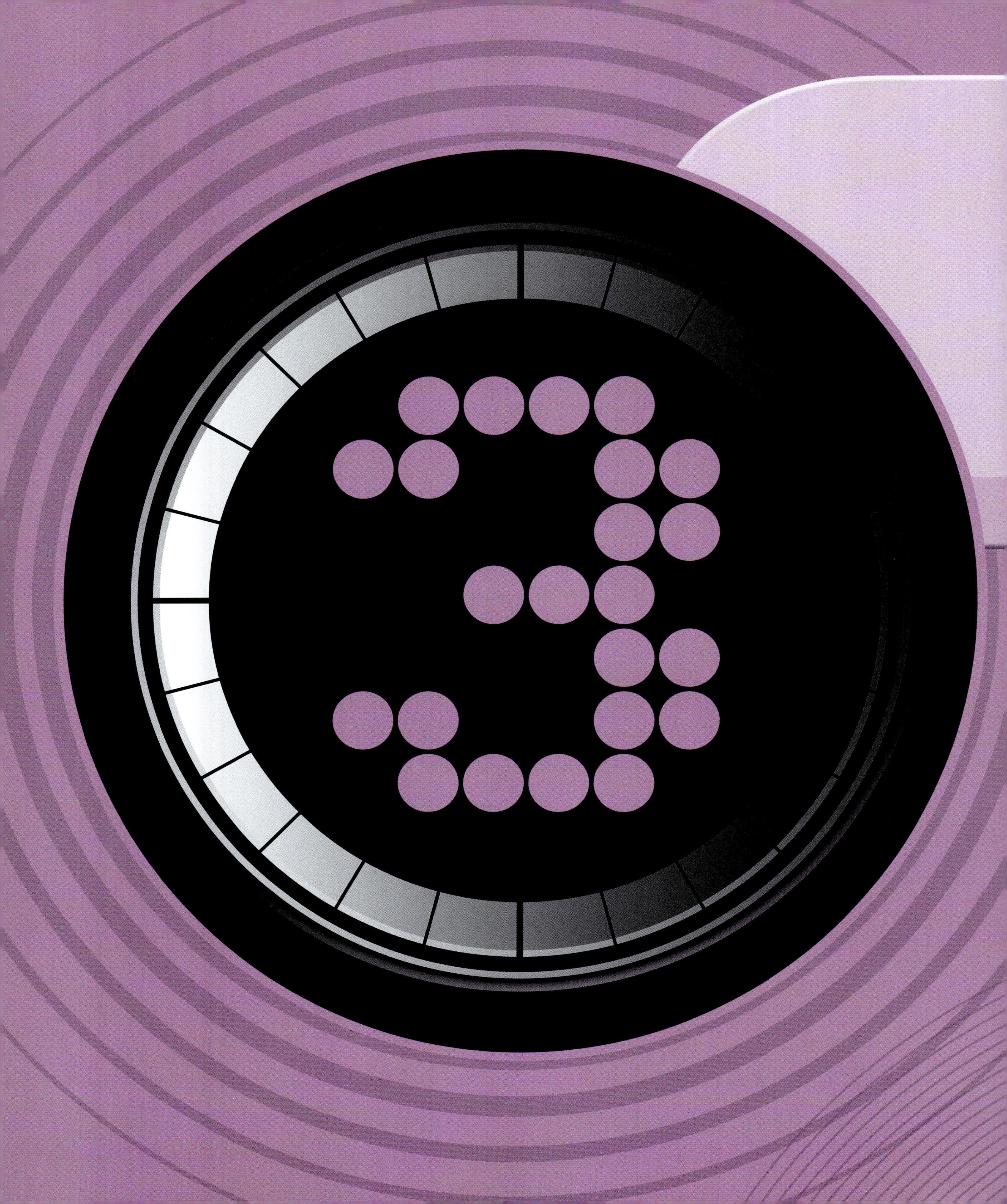
3

LE SYSTÈME SOLAIRE EXTERNE

Au-delà de la ceinture d'astéroïdes, loin du Soleil, s'ouvre une zone de l'espace plus sombre et profonde. Cette région très froide et retirée est dominée par les quatre planètes géantes : Jupiter, Saturne, Uranus et Neptune. Chacune est accompagnée de son propre cortège de lunes et d'anneaux de poussières et de glace.

LA GÉANTE DES GÉANTES

JUPITER

Jupiter est plus de deux fois plus volumineuse que toutes les autres planètes du Système solaire réunies, et cette géante est gazeuse, constituée essentiellement d'hydrogène et d'hélium autour d'un hypothétique petit noyau rocheux. C'est aussi la planète qui tourne le plus vite sur elle-même, ce qui déclenche des tempêtes sans fin observables à sa surface. Les dimensions extrêmes de Jupiter et sa clarté font d'elle le troisième objet le plus brillant du ciel nocturne après la Lune et Vénus.

LA PLUS GROSSE PLANÈTE DU SYSTÈME SOLAIRE

La couche nuageuse externe de l'atmosphère atteint seulement 50 km d'épaisseur.

D'UN COUP D'ŒIL

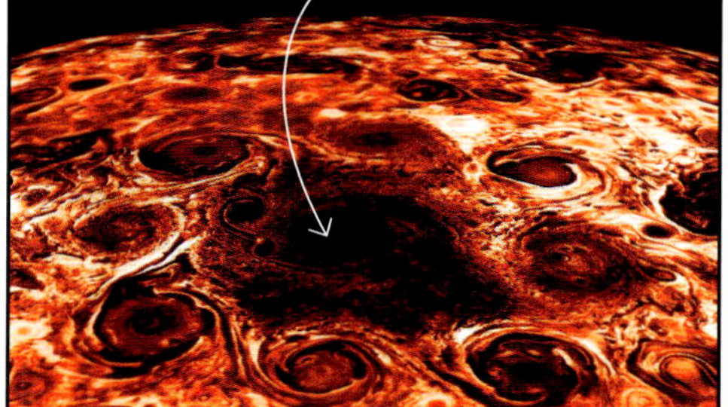

Tempêtes au-dessus du pôle Nord, vues ici en lumière infrarouge

- **DISTANCE MOYENNE DU SOLEIL** 778,6 millions de km
- **DIAMÈTRE** 142 984 km à l'équateur
- **DURÉE DU JOUR** 9,9 heures terrestres
- **DURÉE DE L'ANNÉE** 11,9 années terrestres

FAITS ET CHIFFRES

L'astronome italien Galilée découvrit quatre des lunes de Jupiter en 1610. Depuis 1973, neuf sondes ont visité la planète, lui découvrant une famille de plus de 70 lunes. La plus grosse, Ganymède, a une taille supérieure à celle de la planète Mercure.

DIAMÈTRE

Le diamètre de Jupiter est près de 11 fois plus large que celui de la Terre.

VITESSE DES VENTS

Le long de l'équateur de Jupiter, les vents peuvent atteindre plus de 400 km/h.

PETITES JOURNÉES

Jupiter connait les jours les plus courts de toutes les planètes du Système solaire.

CHAMP MAGNÉTIQUE

Sur Jupiter, le champ magnétique est au moins 20 fois plus puissant que sur Terre.

Une épaisse couverture nuageuse

Les bandes nuageuses très colorées de Jupiter sont dues aux différents composés chimiques qu'elles contiennent, lesquels reflètent la lumière du Soleil. Ce sont les vents, soufflant dans des sens opposés, qui créent les remarquables motifs et ces bandes qui enveloppent la planète.
Les scientifiques pensent qu'un vaste océan de métal liquide pourrait se trouver sous la couche nuageuse.

L'HÉMISPHÈRE NORD

Les nuages très turbulents de l'hémisphère Nord de Jupiter sont visibles sur cette photo en fausses couleurs réalisée par la sonde Juno de la NASA. Leur aspect tourmenté est dû à des zones de gaz ascendants et descendants dans l'atmosphère. Les nuages les plus élevés, en blanc, projettent des ombres sur ceux situés en dessous. Les ovales clairs sont des tempêtes en rotation.

« 1 300 Terres pourraient tenir dans Jupiter, et il resterait de la place. »

DES AURORES SUR JUPITER

De spectaculaires phénomènes lumineux, appelés aurores, s'observent parfois autour des pôles de Jupiter. Leur lumière résulte de particules de haute énergie issues de l'espace entrant en collision avec les atomes de gaz de l'atmosphère. Les aurores de Jupiter sont plus de 100 fois plus intenses que celles qui se produisent sur Terre. Cette photo, réalisée par le télescope spatial Hubble en 2007, montre l'une de ces aurores, en bleu.

UNE MÉGA TEMPÊTE

La Grande Tache rouge de Jupiter est la tempête la plus longue connue dans le Système solaire : on l'observe en effet depuis plus de 200 ans. Il semble que son étendue se soit réduite depuis son premier examen de près par la sonde Voyager 1 en 1979, mais avec ses 16 350 km dans son plus grand diamètre, elle reste assez volumineuse pour englober la Terre tout entière. Les vents qui tournoient en son centre atteignent 680 km/h.

UN SATELLITE GELÉ

EUROPE

Quatrième plus gros satellite de Jupiter, Europe est un monde fascinant. La croûte externe de cette lune est composée d'eau gelée et, curieusement, elle est pratiquement entièrement dépourvue de cratères. Des fissures dans la surface sont bordées par de mystérieuses doubles crêtes et provoquent des séismes que l'on pourrait appeler « tremblements de glace ». Les scientifiques pensent que sous cette couverture de glace s'étend un unique océan recouvrant toute la surface, et qui pourrait abriter une vie extraterrestre.

La possibilité d'un océan

La sonde Galileo a été placée en orbite autour de Jupiter et de ses lunes entre 1995 et 2003. Les données qu'elle a collectées suggèrent qu'un immense océan d'eau liquide s'étend sous l'épaisse croûte glacée d'Europe. Les scientifiques pensent que cet océan caché pourrait contenir plus de deux fois plus d'eau que tous les océans de la Terre.

D'UN COUP D'ŒIL

Cette photo prise par la sonde Galileo montre de longues fractures dans la croûte glacée d'Europe.

- **DISTANCE DE JUPITER** 671 000 km
- **DIAMÈTRE** Environ 3 122 km
- **PÉRIODE ORBITALE AUTOUR DE JUPITER** 3,5 jours terrestres
- **TEMPÉRATURE DE SURFACE** Inférieure à – 160 °C à l'équateur, inférieure à – 220 °C aux pôles

DES FRACTURES DANS LA GLACE

La coquille de glace d'Europe est marquée de nombreuses crêtes et fissures. De gros blocs de glace semblent s'y être déplacés et parfois même retournés avant de regeler dans leur nouvelle position. Cela suggère qu'il pourrait y avoir de l'eau liquide s'écoulant sous la surface.

FAITS ET CHIFFRES

Afin de mieux connaître le satellite de Jupiter, la NASA et l'ESA projettent toutes deux des missions visant à explorer l'intérieur glacé d'Europe.

PROFONDEUR

L'océan d'Europe pourrait être profond de 150 km.

Sur Terre, le point le plus profond se trouve dans l'océan Pacifique à 11 km sous la surface.

ÉRUPTIONS D'EAU

Les scientifiques pensent que de grandes gerbes d'eau pourraient jaillir à la surface d'Europe.

GROSSE LUNE

Europe est la sixième plus grosse lune du Système solaire.

LES LUNES GALILÉENNES

Les quatre plus gros satellites de Jupiter sont dits galiléens en référence à l'astronome italien Galilée, qui les découvrit en 1610 en observant Jupiter. Ce furent les premiers objets découverts tournant autour d'une planète autre que la Terre, et chacun présente des caractéristiques bien distinctes des autres. Les lunes galiléennes sont présentées ici par ordre de distance croissante par rapport à la planète.

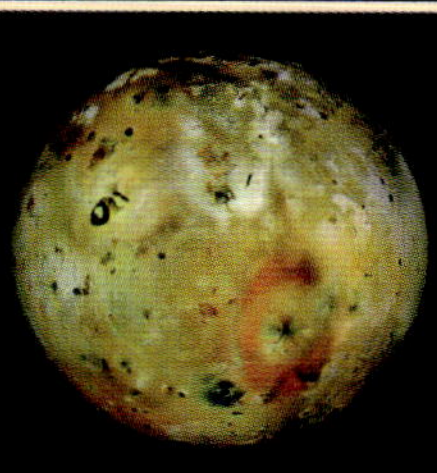

Io

Les plus de 400 volcans actifs qu'il abrite en font le corps le plus volcanique du Système solaire. Certains éjectent des fontaines de lave à plus de 100 km au-dessus de la surface.

Europe

Cette lune calottée de glace de Jupiter est juste un peu plus petite que la Lune, le satellite de la Terre. C'est celle qui présente la surface la plus jeune, âgée de 40 à 90 millions d'années.

Ganymède

Plus grosse lune du Système solaire, Ganymède est plus grosse que la planète Mercure. Elle est composée de roches et de glace, avec des cratères peu profonds et de longs fossés marquant sa surface.

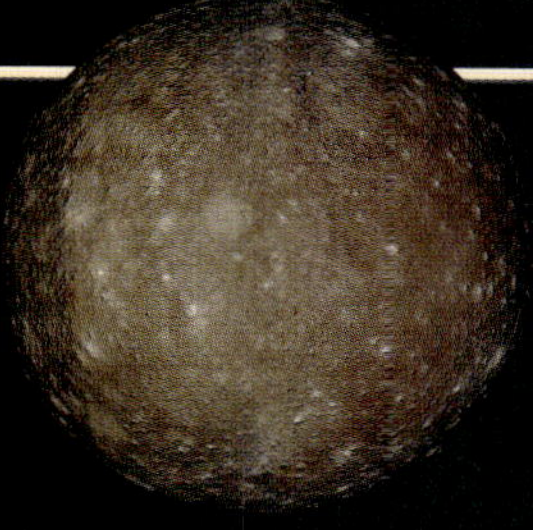

Callisto

La surface de Callisto, deuxième plus grosse lune de Jupiter, porte les marques de chutes anciennes de météorites. Certaines parties de sa croûte constellée de cratères sont âgées d'environ 4 milliards d'années

DES CHEMINÉES HYDROTHERMALES

Sur Terre, il existe dans les fonds océaniques des cheminées qui expulsent des gaz, des minéraux et de l'eau brûlante, chauffés par le manteau terrestre. Les scientifiques pensent que de telles cheminées pourraient exister aussi sur Europe, réchauffant l'océan et l'enrichissant de minéraux nécessaires au développement de la vie.

BELLE AUX ANNEAUX

SATURNE

Cernée par ses spectaculaires anneaux de glace et plus de 60 lunes connues, Saturne est l'une des merveilles du Système solaire. Comme Jupiter, c'est une géante gazeuse composée principalement des éléments chimiques les plus légers : l'hydrogène et l'hélium. De ce fait, c'est aussi la moins dense de toutes les planètes : à volume égal, elle est plus légère que l'eau. C'est aussi la moins sphérique : elle tourne en effet tellement vite qu'elle présente un net renflement au niveau de l'équateur. Saturne apparaît généralement tranquille, mais d'énormes nuages de tempête blancs apparaissent occasionnellement dans son atmosphère. Des vents puissants soufflent en ouragans autour de ses pôles. Au-dessus du pôle Nord, leurs courants dessinent un mystérieux motif hexagonal.

Les objets glacés formant les anneaux de Saturne ont une taille allant du minuscule grain jusqu'à celle d'une maison.

D'UN COUP D'ŒIL

- **DISTANCE MOYENNE DU SOLEIL** 1 433,5 millions de km
- **DIAMÈTRE** 120 536 km à l'équateur
- **DURÉE DU JOUR** 10,7 heures terrestres
- **DURÉE DE L'ANNÉE** 29,46 années terrestres

FAITS ET CHIFFRES

Saturne est connue des astronomes depuis les temps anciens mais ses anneaux furent observés pour la première fois en 1610 par l'astronome italien Galilée. Quatre sondes spatiales sont allées l'étudier de près. Elles nous ont transmis d'extraordinaires détails de la planète, de ses lunes et de ses anneaux.

L'HEXAGONE DU PÔLE NORD

Atteignant environ 13 800 km, chacun des côtés du nuage polaire hexagonal de Saturne est plus long que le diamètre de la Terre.

LES ANNEAUX

Comparé à la taille de la planète, le système d'anneaux apparaît mince comme du papier.

LES ÉCLAIRS

Sur Saturne, les éclairs sont 10 000 fois plus puissants que sur Terre.

CERCLÉE DE GLACE

Les anneaux de Saturne sont composés de milliards de morceaux de glace sale formant un disque autour de la planète. Ils sont visibles parce qu'ils reflètent la lumière du Soleil. Les cercles sombres correspondent à des vides dans les anneaux.

COMME UN AIR DE PLANÈTE

De vastes lacs d'éthane et de méthane s'étendent sous l'atmosphère orange opaque de Titan, la plus grosse lune de Saturne. Ces composés sont présents naturellement sous forme de gaz sur la Terre, mais sur la surface froide de Titan, ils sont à l'état liquide, formant des lacs et des rivières, comme le montre cette vue d'artiste. La surface de Titan présente des similitudes avec celle de la Terre dans sa jeunesse et, comme la Terre, son atmosphère est riche en azote et possède un système climatique.

UN SYSTÈME D'ANNEAUX

Treize anneaux ténus entourent cette géante gazeuse. Les neuf internes sont étroits et gris foncé, les quatre externes apparaissant souvent rougeâtres et bleus. Au contraire de ceux de Saturne, surtout composés de glace, les anneaux d'Uranus renferment des poussières et des roches sombres.

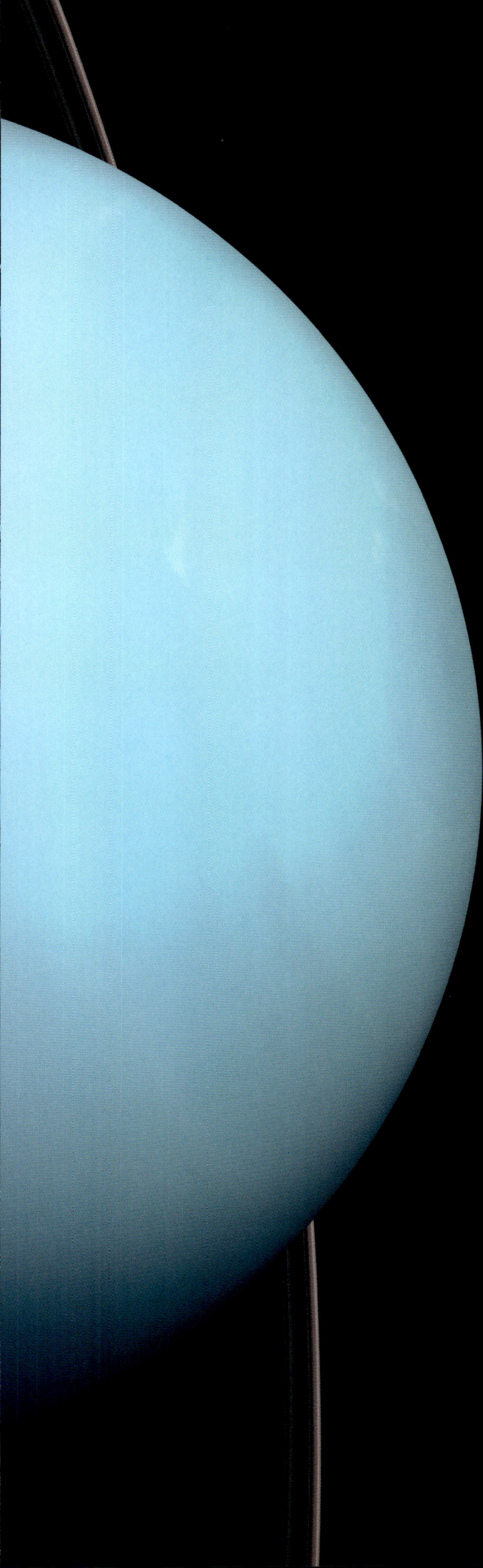

LA PLANÈTE COUCHÉE

URANUS

Uranus présente une particularité unique : elle gravite autour du Soleil couchée sur le côté. Il en résulte que ses régions polaires connaissent de longues nuits de 42 ans, suivies de périodes d'ensoleillement de durée égale. La surface de la planète apparaît dépourvue de structures, à l'exception d'indistinctes bandes nuageuses de méthane et de gaz sulfureux. Sous l'atmosphère se déploie un manteau composé d'eau, de méthane et d'ammoniac, enveloppant un petit noyau rocheux au centre de la planète. Dans la haute atmosphère, le méthane gazeux absorbe les rayonnements rouges de la lumière solaire, ne renvoyant que ceux de couleur bleue, d'où la couleur de la planète. Uranus compte au moins 27 lunes.

D'UN COUP D'ŒIL

- **DISTANCE MOYENNE DU SOLEIL** 2,87 milliards de km
- **DIAMÈTRE** 51 118 km à l'équateur (environ 4 fois celui de la Terre)
- **DURÉE DU JOUR** 17,2 heures terrestres
- **DURÉE DE L'ANNÉE** 83,8 années terrestres

Cette vue de près des anneaux d'Uranus a été prise par la sonde Voyager 2.

FAITS ET CHIFFRES

À cause de son inclinaison extrême, Uranus est l'une des deux seules planètes – l'autre étant Vénus – à tourner sur elle-même en sens inverse des autres planètes. Cela y provoque aussi les saisons les plus extrêmes de tout le Système solaire.

L'INCLINAISON DE L'AXE

L'axe de rotation d'Uranus est incliné de 97,8°.

0° 50° 100°

Celui de la Terre est incliné de 23,4°.

PLUS HAUTE FALAISE

Sur Miranda, lune d'Uranus, la falaise de 20 km de haut de Verona Rupes est la plus haute du Système solaire.

DIAMANTS URANIENS ?

Selon certains, Uranus pourrait renfermer une couche de diamants dans ses profondeurs.

UNE PLANÈTE BLEUE

Neptune doit sa couleur bleue à la présence de méthane gazeux dans sa haute atmosphère. Celui-ci absorbe les rayons lumineux de grande longueur d'onde (rouges, orange, jaunes), ne réfléchissant que les courtes longueurs d'onde : les bleus.

UN MONDE AGITÉ

NEPTUNE

Sur la glaciale planète Neptune, les vents parcourent l'atmosphère à des vitesses supersoniques – donc beaucoup plus rapides que les vents les plus violents connus sur Terre –, ce qui fait d'elle la planète la plus venteuse du Système solaire. C'est aussi la plus distante : elle est environ 30 fois plus éloignée du Soleil que notre Terre. De ce fait, compte tenu de la longueur de son orbite, depuis sa découverte en 1846, Neptune n'a effectué qu'une seule révolution complète autour du Soleil. Cette géante gazeuse est essentiellement composée d'un mélange d'eau, de méthane et d'ammoniac, avec des matériaux rocheux concentrés en son centre. Sa haute atmosphère est composée principalement d'hydrogène et d'hélium.

D'UN COUP D'ŒIL

- **DISTANCE MOYENNE DU SOLEIL** 4,5 milliards km
- **DIAMÈTRE** 49 528 km à l'équateur (environ 3,88 fois celui de la Terre)
- **DURÉE DU JOUR** 16,1 heures terrestres
- **DURÉE DE L'ANNÉE** 163,7 années terrestres

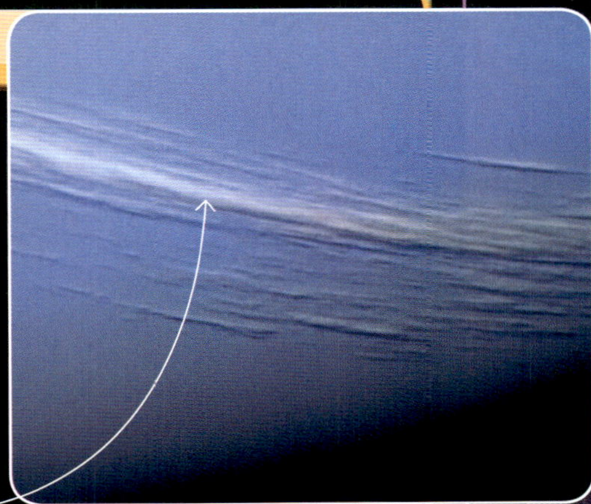

Des nuages sont présents dans la haute atmosphère de Neptune.

FAITS ET CHIFFRES

En 1989, la sonde Voyager 2 découvrit, dans l'atmosphère de Neptune, une tempête de la taille de la Terre. La sonde confirma également que la planète disposait d'un petit système de cinq anneaux sombres autour de son équateur.

LA VITESSE DES VENTS

Sur Neptune, les vents dépassent 2 000 km/h.

km/h — 1 250 — 2 500

Le vent le plus puissant enregistré sur Terre est de 408 km/h.

LES GEYSERS DE TRITON

La lune de Neptune nommée Triton présente des geysers actifs qui crachent des panaches de gaz et de poussières jusqu'à 8 km de haut.

km — 5 — 10

UNE LUNE DE NEPTUNE

En 1989, la sonde de la NASA Voyager 2 découvrit d'immenses geysers sur Triton, la plus grosse des 14 lunes connues de Neptune. Ce sont des variations de température et de pression intervenant sous la surface de Triton qui produisent les éruptions de matière gazeuse entraînant des poussières sombres, comme le montre cette représentation d'artiste.

VISIBLE EN PLEIN JOUR

Cette photographie réalisée par l'observatoire du Cerro Paranal, au Chili, montre la comète McNaught comme suspendue dans le ciel nocturne, avec sa queue de poussières courbée en direction de l'océan Pacifique. Elle était alors si brillante qu'elle pouvait être vue en plein jour. L'astre près de l'horizon, à droite, est la Lune.

UNE BOULE DE GLACE SPATIALE

LA COMÈTE McNAUGHT

Dans les confins du Système solaire gravitent des milliards de comètes, ces boules de glace emprisonnant des poussières rocheuses. Elles sont ordinairement trop distantes pour être visibles mais, de temps à autre, la trajectoire de l'une d'elles la rapproche du Soleil, déclenchant un phénomène spectaculaire. En se réchauffant, elle libère d'énormes quantités de gaz et de poussières, formant un vaste nuage qui devient visible de la Terre. Ce fut le cas de la comète McNaught qui, lors de son passage au début 2007, fut la comète la plus brillante de ces 40 dernières années. La longueur de sa queue fut estimée à plus de 1,5 fois la distance de la Terre au Soleil. Son orbite ne la ramènera aux abords du Soleil que dans des dizaines de milliers d'années.

D'UN COUP D'ŒIL

- **TAILLE DU NOYAU** 25 km de diamètre
- **LUMINOSITÉ MAXIMALE** Les 13 et 14 janvier 2007
- **DURÉE D'UNE RÉVOLUTION COMPLÈTE AUTOUR DU SOLEIL** 92 600 ans environ
- **APPROCHE MAXIMALE DU SOLEIL** Environ 25,5 millions km

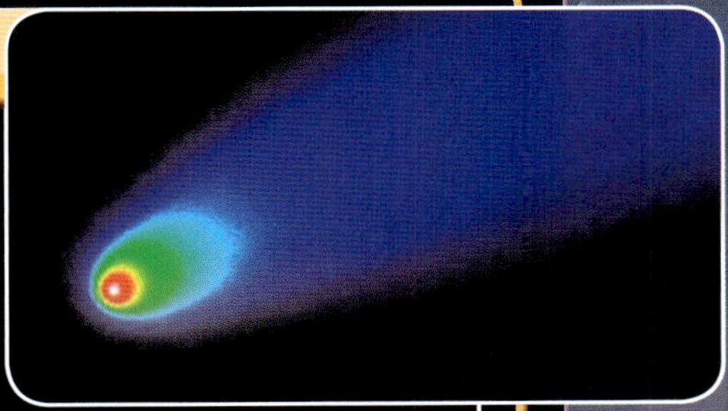

Cette image colorisée fait ressortir les détails du noyau de la comète.

FAITS ET CHIFFRES

La comète McNaught, aussi nommée C/2006 P1, fut découverte en août 2006 par l'astronome australo-britannique Robert McNaught alors qu'il était à la recherche d'astéroïdes. Elle devint visible à l'œil nu en janvier 2007, à l'approche du point de sa trajectoire le plus proche du Soleil.

LA QUEUE GAZEUSE

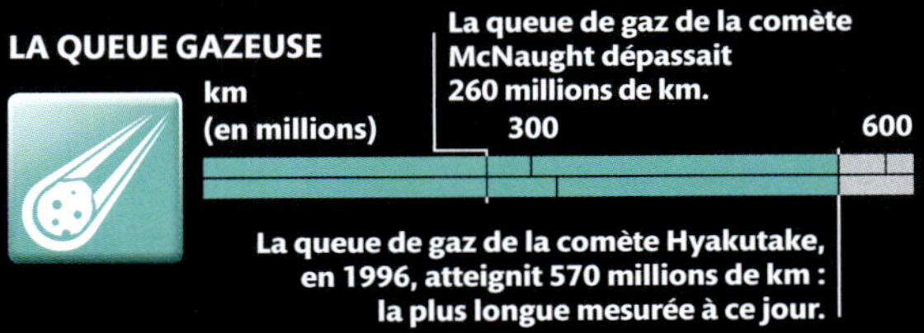

FORMATION

Les comètes se sont formées il y a 4,6 milliards d'années, avec le Système solaire.

LE NOYAU

Le noyau des comètes est composé de glace et de poussières rocheuses.

LA NAINE GLACÉE

PLUTON

Située dans la ceinture de Kuiper, Pluton est 40 fois plus éloignée du Soleil que la Terre. Elle fut découverte en 1930 et, pendant 76 ans, fut considérée comme la neuvième planète du Système solaire… jusqu'à ce que les astronomes la reclassifient parmi les planètes naines. En 2015, New Horizons – la première sonde à atteindre Pluton – révéla une surface riche en structures diverses. Les photographies qu'elle nous fit parvenir, réalisées pour la première fois de près, montrent de vastes plaines glacées, de grandes falaises et de hautes montagnes. New Horizons photographia également les cinq lunes de Pluton. La plus grande, nommée Charon, en est si proche que les scientifiques pensent qu'elle pourrait être un ancien morceau de Pluton, brisé lors d'une collision.

D'UN COUP D'ŒIL

- **DISTANCE MOYENNE DU SOLEIL** 5,9 milliards de km
- **TEMPÉRATURE MOYENNE EN SURFACE** –240 °C
- **DURÉE DU JOUR** 153 heures terr.
- **DURÉE DE L'ANNÉE** 248 années terr.

Cette grande région dépourvue de cratères sur Pluton, la plaine Spoutnik, est le plus vaste glacier du Système solaire.

FAITS ET CHIFFRES

Pluton fut découverte en 1930 par l'astronome américain Clyde Tombaugh. En quête d'une neuvième planète, celui-ci photographia la même portion de ciel pendant plusieurs nuits jusqu'à ce qu'il découvre un petit point lumineux qui se déplaçait sur le fond étoilé.

SON DIAMÈTRE

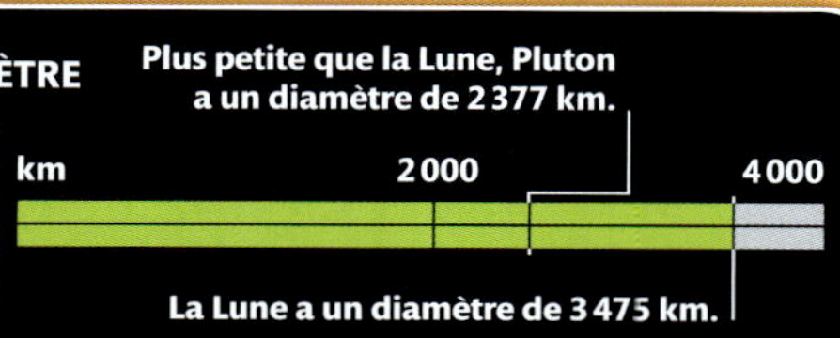

SON ORBITE

L'orbite de Pluton, très allongée, est inclinée de 17° : plus que celle des planètes.

SON SATELLITE CHARON

Charon fait la moitié de la taille de Pluton. Les planètes n'ont pas de lune aussi grosse.

SOMMETS ESCARPÉS

Cette photo due à la sonde New Horizons montre les reliefs accidentés et glacés de Krun Macula, sur Pluton. Situées sur les bords de la plaine Spoutnik, ces montagnes dominent de 2500 m les terrains plus plats qui les entourent.

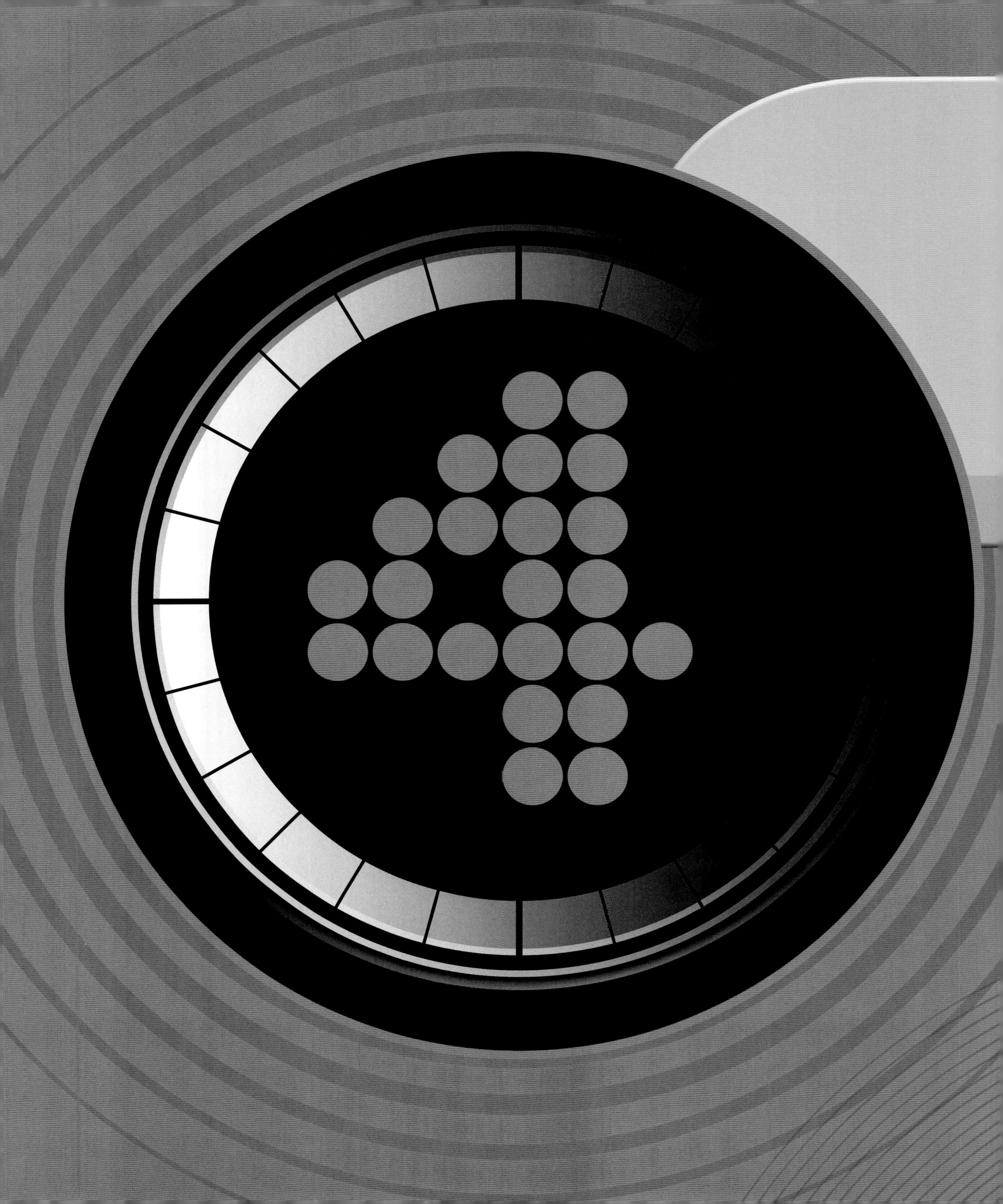
4

ÉTOILES ET EXOPLANÈTES

Notre ciel nocturne est illuminé de milliers d'étoiles scintillantes. Mais celles-ci ne sont qu'une petite proportion des milliards de milliards d'étoiles qui peuplent l'Univers. Tout comme notre Soleil, nombre de celles que nous observons possèdent également, gravitant autour d'elles, leurs propres planètes, que nous appelons exoplanètes.

VRAIMENT BRILLANTE !
Cette photo de Sirius A a été réalisée depuis la Terre. Elle surpasse en éclat toutes les autres étoiles du ciel, et sa nuance blanc bleuté indique qu'elle est plus chaude que le Soleil.

L'ÉTOILE DU CHIEN

SIRIUS A

Nombre d'étoiles de la Voie lactée disposent d'une ou plusieurs « étoiles compagnons » auxquelles elles sont liées par la gravité. Et souvent, l'une de celle-ci est plus grosse que les autres. Sirius A, quant à elle, n'est pas seulement plus grosse que sa partenaire : elle est également 2 fois plus massive que le Soleil et, à cause de sa luminosité et de sa proximité de la Terre, c'est aussi l'étoile la plus brillante de la voûte céleste – hormis le Soleil. Sa minuscule étoile compagnon, Sirius B, aujourd'hui 10 000 fois moins lumineuse que sa partenaire, fut la première naine blanche – vestige effondré d'une étoile moyenne – découverte. Il y a 120 millions d'années, elle aurait surpassé Sirius A en éclat.

D'UN COUP D'ŒIL

- **TYPE D'ÉTOILE** Étoile blanche de la séquence principale
- **DISTANCE DE LA TERRE** 8,6 années-lumière
- **ÂGE** 200-300 millions d'années
- **TEMPÉRATURE DE SURFACE** 10 000 °C

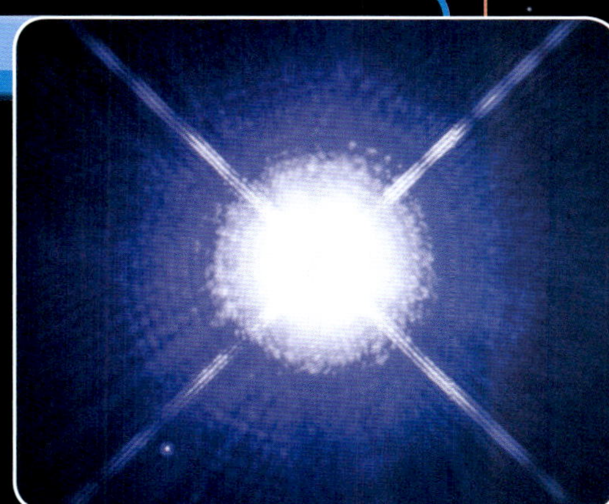

Sirius A et son compagnon plus faible Sirius B

FAITS ET CHIFFRES

Également appelée Étoile du Chien à cause de sa localisation dans la constellation du Grand Chien, Sirius est connue des astronomes du monde entier depuis des siècles. Son autre non officiel est Alpha du Grand Chien.

LUMINOSITÉ

Sirius A est 25 fois plus lumineuse que le Soleil.

DIAMÈTRE

Le diamètre de 2,4 millions de km de Sirius A est presque le double de celui du Soleil.

ÉTOILE COMPAGNON

Sirius B, l'étoile compagnon de Sirius A, a été découverte en 1862.

SUR LE DRAPEAU DU BRÉSIL

Sirius est l'une des 27 étoiles figurant sur le drapeau du Brésil. Elle représente l'État du Mato Grosso.

UNE ÉTOILE SURDIMENSIONNÉE

VY DU GRAND CHIEN

Dans le groupe des supergéantes, VY du Grand Chien sort du lot. Car avec un volume dans lequel tiendraient 3 milliards d'étoiles comme notre Soleil, elle est l'une des plus grosses étoiles connues dans notre galaxie, la Voie lactée. Les scientifiques ont pu confirmer sa distance et sa taille gigantesque en 2008 et en 2012 en observant les micro-ondes qu'elle émet. Avec son diamètre 1 400 fois plus large que celui du Soleil, elle s'étendrait au-delà de l'orbite de Jupiter si elle se trouvait au centre de notre Système solaire. Cette hypergéante rouge (une sous-classe des supergéantes rouges) devrait exploser en supernova dans les 100 000 ans à venir.

D'UN COUP D'ŒIL

- **TYPE D'ÉTOILE** Hypergéante rouge
- **DISTANCE DE LA TERRE** Environ 3 900 années-lumière
- **MAGNITUDE** Variable entre 6,5 et 9,6
- **DÉCOUVERTE** En 1801 par l'astronome français Jérôme Lalande

Comparaison entre notre Soleil et VY du Grand Chien

FAITS ET CHIFFRES

VY du Grand Chien est une étoile simple, ce qui rend sa masse impossible à mesurer. Les étoiles de type et d'âge similaires sont en général 15 à 20 fois plus massives que le Soleil. Elle a probablement perdu l'équivalent de dix masses solaires depuis sa naissance il y a 8 millions d'années.

PRODUCTION

VY du Grand Chien produit environ 270 000 fois plus d'énergie que le Soleil.

TEMPÉRATURE

Sa surface à 3 200 °C est beaucoup plus froide que celle du Soleil.

DANS L'INFRAROUGE

VY du Grand Chien produit plus de rayons infrarouges invisibles que de lumière visible.

ÉTOILE VARIABLE

La luminosité de l'étoile varie de 3 magnitudes sur une période de 956 jours.

UN GLOBE ROUGEOYANT

VY du Grand Chien est dépeinte dans cette vue d'artiste comme une boule rouge bouillonnante de gaz rayonnants. Un puissant vent gazeux souffle constamment à sa surface et des régions actives projettent des nuages de matériaux vers l'espace.

UN POIDS LOURD STELLAIRE

R136a1

Il faudrait environ 9 millions de soleils brillant côte à côte pour atteindre la luminosité de R136a1, l'étoile la plus massive et la plus lumineuse connue. Elle fait partie d'un magnifique amas stellaire situé dans la nébuleuse de la Tarentule, dans le Grand Nuage de Magellan, une galaxie voisine de notre Voie lactée. Dans cet amas, beaucoup d'étoiles sont, comme R136a1, du type Wolf-Rayet : des étoiles rares, extrêmement chaudes et incroyablement massives, dont la vie est courte et qui éjectent leur gaz à une vitesse phénoménale. R136a1 est âgée de moins de deux millions d'années, mais elle a déjà atteint près de la moitié de sa vie.

R136a1 illumine la région centrale de la nébuleuse de la Tarentule.

D'UN COUP D'ŒIL

- **TYPE D'ÉTOILE** Wolf-Rayet
- **DISTANCE DE LA TERRE** Environ 163 000 années-lumière
- **TEMPÉRATURE DE SURFACE** Plus de 49 000 °C
- **DIAMÈTRE** Environ 45 millions de km

FAITS ET CHIFFRES

Les étoiles de type Wolf-Rayet ont été découvertes en 1867 par les astronomes français Charles Wolf et Georges Rayet. R136a1, quant à elle, a été découverte en 2010 grâce au Very Large Telescope, au Chili, et à des données collectées par le télescope spatial Hubble.

DURÉE DE VIE

La durée de vie de R136a1 est estimée à seulement 5 millions d'années environ.

Années (en millions) 5 000 10 000

Le Soleil va durer 10 milliards d'années.

DES ÉTOILES MASSIVES

R136a1 est l'une des quelque 12 étoiles massives et très lumineuses de l'amas R136.

TAILLE

R136a1 a un diamètre près de 30 fois plus large que celui du Soleil.

ULTRA LUMINEUSE

Voici une représentation d'artiste de l'étoile R136a1 qui, comme ses semblables, émet une puissante lumière bleutée. Sa découverte a poussé les astronomes à reconsidérer la taille maximale des étoiles.

ENVELOPPE NÉBULEUSE

D'énormes volutes nuageuses de gaz et de poussières dans la nébuleuse de la Carène enveloppent les étoiles du système Êta de la Carène (le point le plus brillant dans cette image), les dissimulant à la vue.

DES ÉTOILES INSTABLES

ÊTA DE LA CARÈNE

Le temps est compté pour les deux étoiles qui constituent l'un des systèmes stellaires les plus lumineux et les plus instables de la Voie lactée : Êta de la Carène. Combinées, les deux étoiles sont plus de 5 millions de fois plus brillantes que notre Soleil. Mais lorsque la plus massive des deux aura épuisé son carburant nucléaire, elle va exploser. Elle a d'ailleurs déjà commencé à le faire, expulsant dans l'espace un nuage colossal de gaz et de poussières formant une nébuleuse plus vaste que notre Système solaire. L'explosion finale devrait intervenir dans un million d'années environ, voire plus tôt. En attendant, ces étoiles continuent de rejeter des matériaux.

D'UN COUP D'ŒIL

- **TYPE D'ÉTOILE** système stellaire variable
- **DISTANCE DE LA TERRE** environ 7 500 années-lumière
- **DÉCOUVERTE** En 1677 par l'astronome anglais Edmond Halley
- **LOCALISATION** Nébuleuse de la Carène

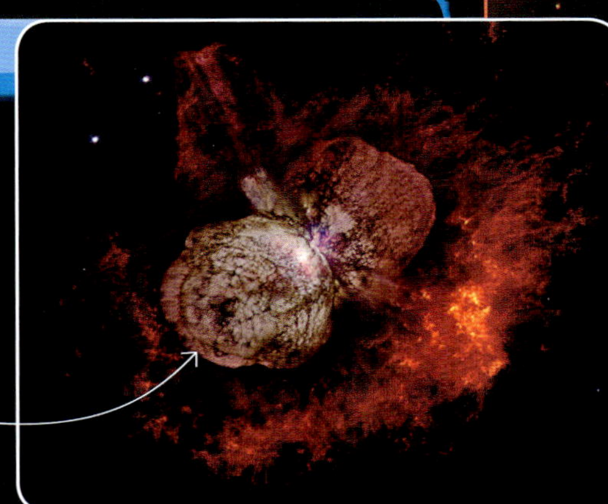

Êta de la Carène se trouve au sein de la nébuleuse de l'Homoncule, un nuage de matière en forme d'haltère qu'elle a produit dans la nébuleuse de la Carène.

FAITS ET CHIFFRES

Entre 1838 et 1843, la luminosité d'Êta de la Carène a augmenté de plus de 100 fois. Au cours de cette période, ce système stellaire a libéré assez de gaz et de poussières pour constituer dix soleils. Les matériaux éjectés ont produit la nébuleuse de l'Homoncule.

MASSE STELLAIRE

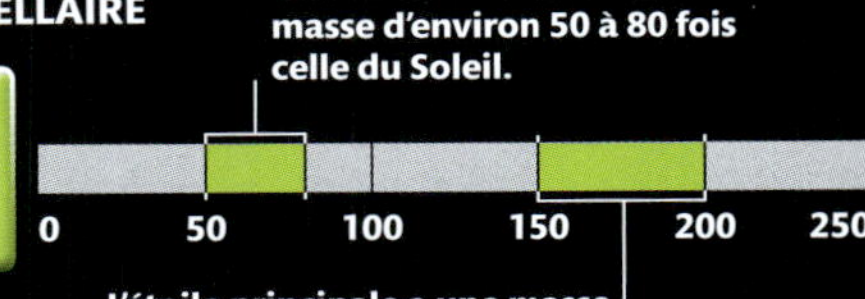

EN ORBITE

Les deux étoiles du système font un tour complet l'une de l'autre en 5,5 ans.

LUMIÈRE LASER

Êta de la Carène est la seule étoile connue qui émette de la lumière laser ultraviolette.

UN ÉNORME AMAS STELLAIRE

OMÉGA DU CENTAURE

Certaines des étoiles les plus anciennes de l'Univers se rencontrent au sein de denses amas stellaires dits globulaires, formés de milliers ou de millions d'étoiles. Dans notre galaxie, le plus gros et le plus lumineux de tous ces amas est Oméga du Centaure. Sa densité en étoiles est telle que l'on a cru jadis qu'il s'agissait d'une étoile unique. Pourtant, cet amas renferme une dizaine de millions d'étoiles – beaucoup étant presque aussi âgées que l'Univers lui-même – maintenues rassemblées par la gravité. Il se peut qu'Oméga du Centaure soit le vestige du noyau riche en étoiles d'une galaxie naine qui aurait été dépouillée de ses étoiles externes en entrant en collision avec la Voie lactée.

Oméga du Centaure

D'UN COUP D'ŒIL

- **TYPE D'AMAS STELLAIRE** Globulaire
- **DISTANCE DE LA TERRE** 16 000 années-lumière
- **ÂGE** 10 à 12 milliards d'années
- **DIAMÈTRE** 150-170 années-lumière

FAITS ET CHIFFRES

En l'an 150, le Grec Ptolémée considérait Oméga du Centaure comme une étoile. En 1677, l'astronome Edmond Halley le décrivit comme une nébuleuse avant qu'il ne soit finalement identifié comme un amas stellaire par l'astronome John Herschel dans les années 1830.

DISTANCE INTERSTELLAIRE

La distance moyenne entre les étoiles du centre d'Oméga du Centaure est d'environ 0,1 année-lumière seulement.

0 Années-lumière 2,5 5

Proxima du Centaure, l'étoile la plus proche de notre Soleil, en est à environ 4,2 années-lumière.

AMAS GLOBULAIRES

Oméga du Centaure est l'un des 150 amas globulaires connus dans la Voie lactée.

TROU NOIR

Un trou noir plus de 10 000 fois plus massif que le Soleil pourrait exister au centre de l'amas.

UN OBJET SCINTILLANT

Oméga du Centaure est une vision spectaculaire dans le ciel de l'hémisphère Sud. Ressemblant à une étoile floue à l'œil nu, il apparaît aussi large que la pleine lune par une nuit bien sombre.

DES ÉTOILES BLEUES

LES PLÉIADES

Connues depuis les temps anciens, les Pléiades forment l'un des amas stellaires les plus brillants et les plus proches de notre planète, donc faciles à observer. Les étoiles bleues les plus brillantes qui en forment le cœur ne sont que quelques-unes des plus de mille étoiles qui composent l'amas. Leur couleur trahit leur température très élevée et leur jeune âge : elles sont beaucoup plus chaudes et plus lumineuses que le Soleil. Les Pléiades sont aussi appelées les Sept Sœurs car elles ont reçu le nom des sept filles d'Atlas et de Pléioné, personnages de la mythologie grecque. Au Japon, on les nomme Subaru. Comme tous les amas ouverts, les Pléiades ne vont pas durer éternellement : faiblement retenues par la gravité, elles devraient s'éloigner les unes des autres au cours des 250 millions d'années à venir.

D'UN COUP D'ŒIL

- **TYPE D'AMAS** Amas stellaire ouvert
- **DISTANCE DE LA TERRE** 444 années-lumière
- **DIAMÈTRE** 86 années-lumière
- **PÉRIODE D'OBSERVATION OPTIMALE** De novembre à janvier

L'amas des Pléiades est localisé dans la constellation du Taureau, à proximité de celle d'Orion.

FAITS ET CHIFFRES

Un groupe de sept points figurant sur le disque de Nebra, un objet en bronze et en or datant de 1 600 av. J.-C., pourrait représenter les Pléiades. Ce disque est considéré comme la plus ancienne description de l'Univers.

ÂGE

Âgées de seulement 100 millions d'années, les Pléiades sont l'un des plus jeunes amas stellaires connus.

Années (en milliards) **2,5** **5**

Le Soleil a 4,5 milliards d'années.

ÉTOILE BRILLANTE

La plus brillante des Pléiades, Alcyone, est 2 030 fois plus lumineuse que le Soleil.

AMAS OUVERTS

Les Pléiades sont l'un des plus de 1 100 amas ouverts de la Voie lactée.

UN JOYAU DU CIEL

L'amas des Pléiades est facile à observer sans télescope depuis la Terre. Il est enveloppé d'un nuage de poussières qui réfléchit la lumière de ses étoiles les plus brillantes et le fait briller plus bleu.

UN PHARE DANS L'ESPACE

PSR J1748-2446ad

Les étoiles à neutrons sont les étoiles les plus petites et les plus denses. Ce sont des noyaux subsistant d'étoiles massives ayant explosé en supernova. Certaines étoiles à neutrons émettent des faisceaux de rayonnements électromagnétiques en tournant rapidement sur elles-mêmes. Lorsqu'à chaque rotation, leur faisceau nous parvient, nous le percevons comme une courte impulsion : on les appelle alors pulsars. Les pulsars typiques tournent sur eux-mêmes en une seconde environ, mais PSR J1748-2446ad, le plus rapide connu, effectue un tour complet 716 fois par seconde.

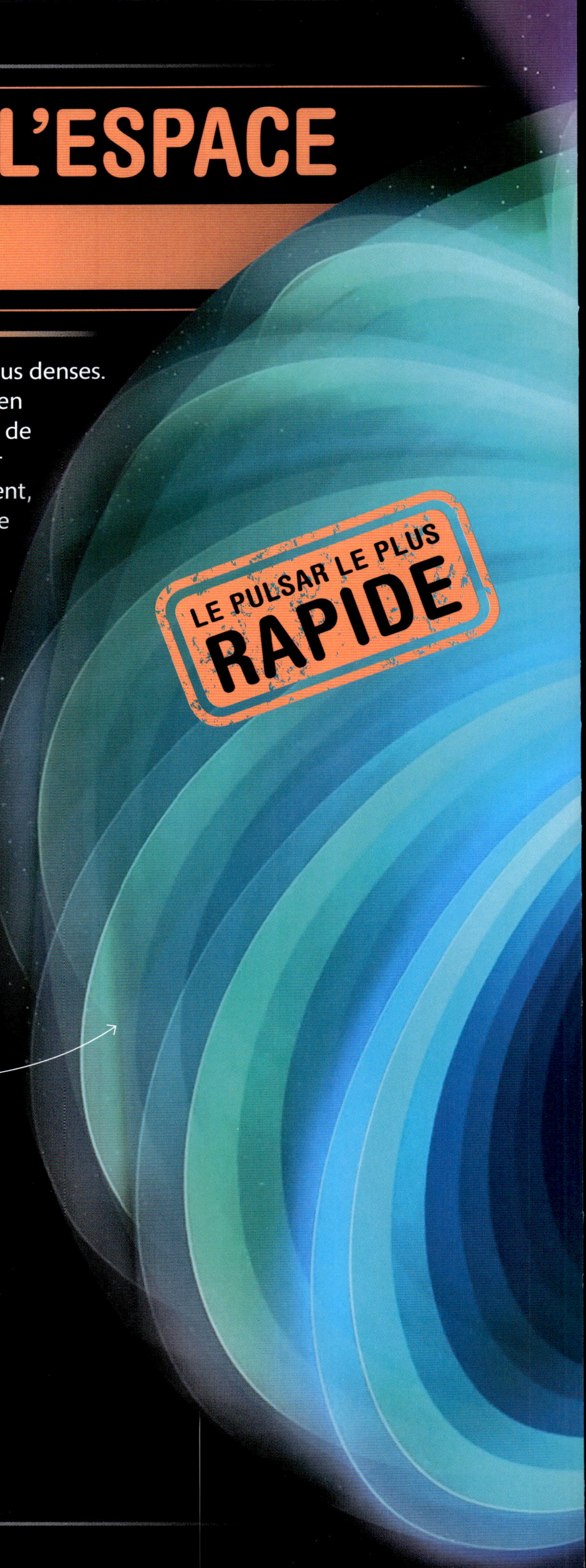

D'UN COUP D'ŒIL

Le pulsar PSR J1748-2446ad se trouve dans l'amas globulaire Terzan 5.

- **TYPE D'ÉTOILE** Pulsar
- **DISTANCE DE LA TERRE** 18 000 années-lum.
- **DIAMÈTRE** Moins de 32 km
- **LOCALISATION** Constellation du Sagittaire

Émissions à balayage

Un pulsar émet un étroit faisceau de rayonnement électromagnétique par ses deux pôles magnétiques opposés, les deux faisceaux balayant l'espace, comme ceux d'un phare en mer, tandis que le pulsar tourne sur lui-même. Mais les astronomes ne peuvent détecter la présence du pulsar que si la Terre se trouve sur le trajet de l'un des faisceaux.

Le champ magnétique est des milliards de fois plus puissant que celui de la Terre.

FAITS ET CHIFFRES

Le pulsar PSR J1748-2446ad est situé près du centre de notre galaxie la Voie lactée.

EN FAMILLE

PSR J1748-2446ad est l'un des 33 pulsars à rotation rapide situés dans l'amas Terzan 5.

TRÈS RAPIDE

À l'équateur, la vitesse de rotation de PSR J1748-2446ad est de plus de 70 000 km/sec.

TEMPÉRATURE

La température de surface de cette étoile à neutrons est d'environ 600 000 °C.

SYSTÈME BINAIRE

Une étoile compagnon gravite autour de PSR J1748-2446ad en 26 heures.

LA DÉTECTION DES PULSARS

Le pulsar PSR J1748-2446ad a été découvert en 2005 à l’aide du radiotélescope de Green Bank, aux États-Unis. Des radiotélescopes comme celui-ci ont détecté les impulsions radio de plus de 2 000 pulsars depuis la découverte du premier, CP 1919, en 1967.

AU CŒUR D’UN PULSAR

Un pulsar renferme assez de matière pour constituer un demi-million de planètes comme la Terre, mais elle est si dense qu’une cuillère à café de celle-ci pèserait plus que l’ensemble de la population humaine de la Terre. Au terme de millions d’années, l’étoile à neutron perd son énergie, ralentit et finit par s’éteindre.

UNE FIN EXPLOSIVE

CASSIOPÉE A

Les étoiles achèvent leur vie de diverses manières. L'une des plus spectaculaires est l'explosion en supernova. Cassiopée A est constituée des vestiges d'une étoile massive ayant fini sa vie dans une énorme explosion qui fut visible sur Terre il y a environ 300 ans. Elle se présente sous la forme d'une coquille de gaz et de poussières extrêmement chauds, en expansion rapide. À mesure de cette expansion, elle disperse dans l'espace une grande variété d'éléments chimiques : la plupart des éléments composant les organismes vivants sont issus d'explosions de supernovæ comme celle-ci. Cassiopée A va poursuivre son expansion pendant des milliers d'années.

D'UN COUP D'ŒIL

- **TYPE** Rémanent de supernova
- **DISTANCE DE LA TERRE** 11 000 années-lumière
- **DIAMÈTRE** 10 années-lumière
- **DÉCOUVERTE** En 1947 par les astronomes britanniques Martin Ryle et Francis Graham-Smith

Cassiopée A est située dans la constellation de Cassiopée.

FAITS ET CHIFFRES

Cassiopée A fut découverte grâce à ses émissions radio : c'est la radiosource la plus puissante du ciel après le Soleil. Les spectaculaires images qu'en ont produites les télescopes spatiaux Chandra, Spitzer et Hubble ont fourni aux astronomes des clés importantes pour comprendre la vie et la mort des étoiles.

VITESSE

Les jets de gaz dans ce rémanent de supernova se déplacent à une vitesse atteignant 50 millions de km/h.

MORT EXPLOSIVE

En explosant, une étoile massive illumine brièvement toute une galaxie avant de s'atténuer.

L'OXYGÈNE

O_2

L'oxygène présent dans le Système solaire provient de la mort de telles étoiles massives.

UN PHARE DANS L'ESPACE

PSR J1748-2446ad

Les étoiles à neutrons sont les étoiles les plus petites et les plus denses. Ce sont des noyaux subsistant d'étoiles massives ayant explosé en supernova. Certaines étoiles à neutrons émettent des faisceaux de rayonnements électromagnétiques en tournant rapidement sur elles-mêmes. Lorsqu'à chaque rotation, leur faisceau nous parvient, nous le percevons comme une courte impulsion : on les appelle alors pulsars. Les pulsars typiques tournent sur eux-mêmes en une seconde environ, mais PSR J1748-2446ad, le plus rapide connu, effectue un tour complet 716 fois par seconde.

D'UN COUP D'ŒIL

Le pulsar PSR J1748-2446ad se trouve dans l'amas globulaire Terzan 5.

- **TYPE D'ÉTOILE** Pulsar
- **DISTANCE DE LA TERRE** 18 000 années-lum.
- **DIAMÈTRE** Moins de 32 km
- **LOCALISATION** Constellation du Sagittaire

Émissions à balayage

Un pulsar émet un étroit faisceau de rayonnement électromagnétique par ses deux pôles magnétiques opposés, les deux faisceaux balayant l'espace, comme ceux d'un phare en mer, tandis que le pulsar tourne sur lui-même. Mais les astronomes ne peuvent détecter la présence du pulsar que si la Terre se trouve sur le trajet de l'un des faisceaux.

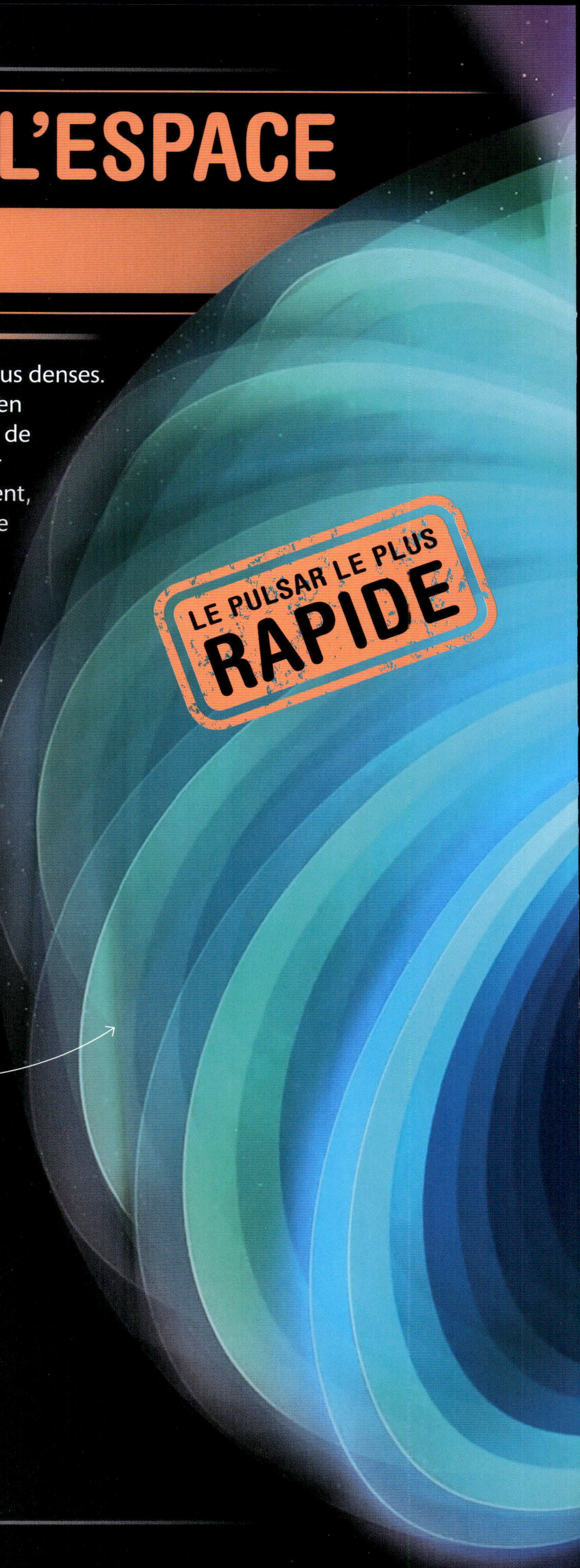

Le champ magnétique est des milliards de fois plus puissant que celui de la Terre.

FAITS ET CHIFFRES

42 960 RPM
RÉVOLUTIONS PAR MINUTE

Le pulsar PSR J1748-2446ad est situé près du centre de notre galaxie la Voie lactée.

EN FAMILLE

PSR J1748-2446ad est l'un des 33 pulsars à rotation rapide situés dans l'amas Terzan 5.

TRÈS RAPIDE

À l'équateur, la vitesse de rotation de PSR J1748-2446ad est de plus de 70 000 km/sec.

TEMPÉRATURE

La température de surface de cette étoile à neutrons est d'environ 600 000 °C.

SYSTÈME BINAIRE

Une étoile compagnon gravite autour de PSR J1748-2446ad en 26 heures.

UN JOYAU DU CIEL
L'amas des Pléiades est facile à observer sans télescope depuis la Terre. Il est enveloppé d'un nuage de poussières qui réfléchit la lumière de ses étoiles les plus brillantes et le fait briller plus bleu.

ÉLÉMENTS COSMIQUES

Cette image en fausses couleurs de Cassiopée A montre la présence d'éléments importants tels que le calcium (en vert), le fer (en violet), le silicium (en rouge) et le soufre (en jaune). Le petit point blanc situé au centre est une étoile à neutrons, vestige de l'étoile initiale, créé par l'explosion.

UNE SOURCE DE RAYONS X

SCORPIUS X-1

À environ 9000 années-lumière de la Terre se trouve Scorpius X-1, un système binaire qui émet 100 millions de fois plus de rayons X que le Soleil, ce qui en fait la plus puissante source de rayonnement X hors du Système solaire. Il s'agit d'une étoile à neutrons qui arrache de la matière à son étoile compagnon. Les étoiles à neutrons se forment après la mort des étoiles massives et leur densité très élevée leur confère une attraction gravitationnelle extrême. Celle-ci arrache des gaz à l'étoile « donneuse », lesquels s'accumulent en un disque d'accrétion tournant très vite autour de l'étoile à neutrons. La friction des gaz dans le disque génère des températures de millions de degrés, ce qui provoque l'émission de torrents de rayons X.

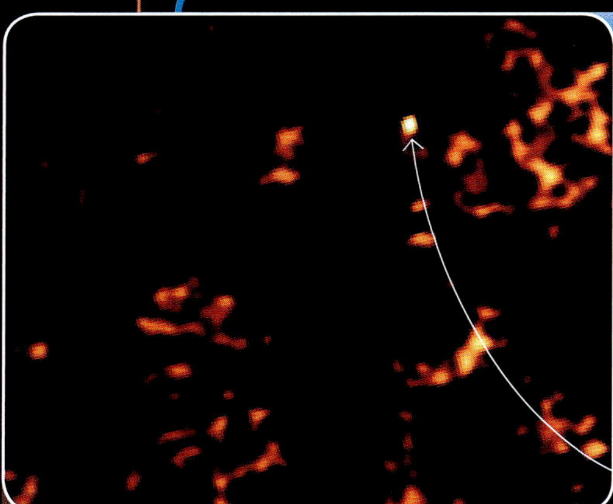

D'UN COUP D'ŒIL

- **TYPE D'ÉTOILE** Étoile binaire X
- **DÉCOUVERTE** En 1962 par l'astronome américain Riccardo Giacconi et ses collègues de la société American Science and Engineering Inc
- **MAGNITUDE APPARENTE** 11,8 à 12,7 (variable)
- **LOCALISATION** Constell. du Scorpion

Scorpius X-1 apparaît sur cette image aux rayons X due au télescope Swift.

FAITS ET CHIFFRES

Les premiers détecteurs spatiaux de rayons X étaient lancés par de petites fusées qui les plaçaient juste au-dessus de l'atmosphère terrestre. Ainsi fut détecté Scorpius X-1, alors qu'on cherchait des rayons X émis par la Lune.

ÉMETTEUR X

Scorpius X-1 fut la première source de rayons X trouvée hors du Système solaire.

FRÉQUENCE

Scorpius X-1 émet des rayons X en continu et non par flashs comme certaines sources.

PUISSANCE D'ÉMISSION

Scorpius X-1 émet plus de 3 fois plus de rayons X que la deuxième source la plus puissante, le pulsar du Crabe.

OBSERVATION

L'observatoire spatial Chandra a fortement étudié cette étoile à neutrons.

UN ANNEAU GAZEUX

Dans cette représentation d'artiste de Scorpius X-1, on voit les gaz de l'étoile donneuse (en bleu) attirés par la gravité dans le vaste disque d'accrétion (en rouge). L'étoile à neutrons, au centre, est encerclée par ces gaz tourbillonnants et émet de violents jets de chaleur et de rayonnements au-dessus et en dessous du disque.

MATIÈRE MOUVANTE

La zone centrale de la nébuleuse d'Orion est une masse de gaz tourbillonnante. Cette photo due au télescope spatial Hubble a été transcrite en fausses couleurs pour mettre en valeur son extraordinaire structure.

UNE PÉPINIÈRE D'ÉTOILES

LA NÉBULEUSE D'ORION

Des étoiles naissent constamment en grand nombre au sein de la nébuleuse d'Orion, la région de formation d'étoiles la plus proche de la Terre. Ses immenses nuages de poussières et de gaz s'étendent sur une zone plus de 1,5 million de fois plus large que la distance entre la Terre et le Soleil. Visible à l'œil nu par une nuit sombre, la nébuleuse est éclairée par les radiations ultraviolettes émises par quatre jeunes étoiles très chaudes. Ces dernières forment dans le ciel un astérisme nommé le Trapèze. La nébuleuse abrite également de nombreuses protoétoiles (boules de gaz chauds qui deviendront des étoiles) et des naines brunes (boules de gaz faiblement lumineuses qui ne se transformeront jamais en étoiles).

D'UN COUP D'ŒIL

- **DISTANCE DE LA TERRE** 1 344 années-lumière
- **DIAMÈTRE** 24 années-lumière
- **MEILLEURE PÉRIODE D'OBSERVATION** Entre janvier et mars
- **LOCALISATION** Constellation d'Orion

Les quatre étoiles qui forment le Trapèze comptent parmi les plus grosses de la nébuleuse d'Orion.

FAITS ET CHIFFRES

C'est l'astronome français Nicolas-Claude Fabri de Peiresc qui découvrit la nébuleuse d'Orion en 1610. Elle fut photographiée pour la première fois en 1880 par l'astronome américain Henry Draper.

ÉJECTION DE GAZ

Certaines étoiles jeunes de la nébuleuse d'Orion éjectent des matériaux à une vitesse pouvant atteindre 720 000 km/h.

km/h (X 1 000) — 500 — 1 000

NOUVELLES PLANÈTES

Dans la nébuleuse, au moins 150 disques formés autour d'étoiles pourraient évoluer en planètes.

DURÉE DE VIE

On estime que la nébuleuse va exister encore pendant 100 000 ans.

LA NÉBULEUSE DE LA CARÈNE

À L'ORIGINE DES ÉTOILES

Ce sont des quantités énormes d'énergie, produites par des étoiles nouveau-nées super-chaudes, qui illuminent les nuages de gaz et de poussières constituant la nébuleuse de la Carène, l'une des régions de formation d'étoiles les plus vastes et les plus lumineuses de notre galaxie... Des milliers d'étoiles nouvelles qui expulsent gaz, poussières et particules chargées sous la forme de vent stellaire. Les gaz éjectés créent des turbulences dans les nuages qui, par endroits, s'agrègent, s'effondrent sur eux-mêmes sous l'effet de la gravité et produisent encore plus d'étoiles. La nébuleuse abrite aussi de spectaculaires amas stellaires, tel Trumpler 14, l'un des plus jeunes de la Voie lactée, comptant au moins 2000 étoiles.

D'UN COUP D'ŒIL

- **DISTANCE MOYENNE DU SOLEIL** 6500 à 10000 années-lumière
- **DIAMÈTRE** Environ 460 années-lum.
- **DÉCOUVERTE** En 1752 par l'astronome français Nicolas-Louis de Lacaille
- **LOCALISATION** Constellation de la Carène

La nébuleuse de la Carène

FAITS ET CHIFFRES

La vaste nébuleuse de la Carène abrite des nébuleuses plus petites, telles celles du Trou de serrure et Homunculus. Certaines des étoiles les plus massives de notre galaxie, comme l'étoile double Êta de la Carène, s'y rencontrent également.

NOMBRE D'ÉTOILES

Le télescope spatial Chandra a détecté environ 14000 étoiles dans la nébuleuse de la Carène.

FORTE LUMINOSITÉ

La luminosité totale d'Êta de la Carène est près de 5 millions de fois supérieure à celle du Soleil.

VITESSE

La nébuleuse Homunculus, nuage de gaz éjecté par Êta de la Carène, se répand à la vitesse de plus de 2,1 millions de km/h.

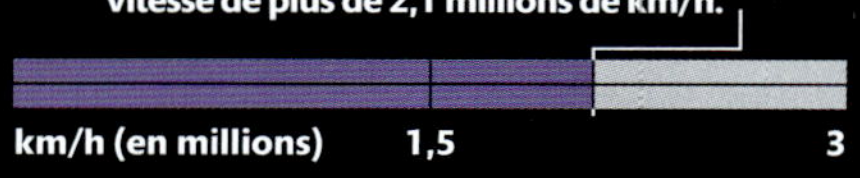

MERVEILLE DE L'ESPACE

Dans cette région baptisée « Mystic Mountain » de la nébuleuse de la Carène, des tours de gaz et de poussières sculptées par les vents stellaires abritent de nouvelles étoiles. Celles-ci produisent des jets de gaz qui, à terme, éroderont le nuage et révéleront les étoiles jusque-là dissimulées.

COMME L'ŒIL DE DIEU
Voici la nébuleuse de l'Hélice vue dans l'infrarouge par le télescope spatial Spitzer. Elle évoque un grand œil dans l'espace. Le petit point visible au centre est l'étoile dans sa phase finale de vie, à l'état de naine blanche. Le disque de poussière froide qui l'entoure est presque aussi large que le Système solaire et brille dans l'infrarouge.

UNE NÉBULEUSE VOISINE

LA NÉBULEUSE DE L'HÉLICE

La spectaculaire nébuleuse de l'Hélice est l'une des plus grandes nébuleuses planétaires connues. Elle s'est formée suite à la mort d'une étoile qui, ayant épuisé son combustible hydrogène, a expulsé ses couches de gaz dans l'espace. Il y a plus de 10 000 ans, cette étoile, à l'origine de la taille de notre Soleil, a commencé, sa fin approchant, par grossir pour former une géante rouge. L'expulsion de ses couches externes exposa son noyau brûlant, qui illumina les débris éjectés. Les gaz, attirés par la gravité de zones plus denses, s'assemblèrent en amas dotés de queues semblables à celles des comètes, formant alors des nœuds cométaires. On en observe des milliers à l'intérieur de la nébuleuse de l'Hélice.

D'UN COUP D'ŒIL

- **DISTANCE DE LA TERRE** Près de 700 années-lumière
- **DIAMÈTRE** 2,5 années-lumière
- **DÉCOUVERTE** En 1823 par l'astronome allemand Karl Ludwig Harding
- **LOCALISATION** Constellation du Verseau

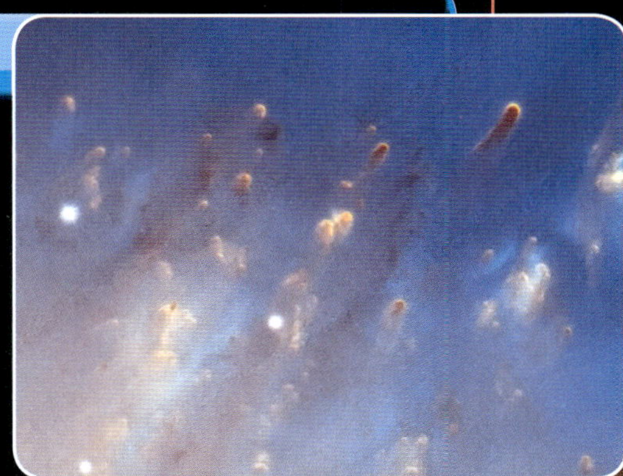

Les nœuds cométaires de la nébuleuse de l'Hélice furent les premiers découverts.

FAITS ET CHIFFRES

Les nébuleuses planétaires furent nommées ainsi par les anciens astronomes parce que, quand ils les observaient à travers leurs appareils optiques encore peu puissants, l'aspect du nuage qu'elles formaient évoquait celui d'une planète.

TEMPÉRATURE

La température de l'étoile centrale est d'environ 100 000 °C.

NŒUDS COMÉTAIRES

Les nœuds cométaires de la nébuleuse de l'Hélice font la taille de notre Système solaire.

VITESSE

km/h (× 1 000) **80** **160**

La vitesse de propagation de la couche externe de gaz est de 144 000 km/h.

UN MONDE LOINTAIN

KEPLER-186 f

D'UN COUP D'ŒIL

Les exoplanètes sont nommées du nom de leur étoile accompagné d'une lettre.

Le système Kepler-186

- **DISTANCE DE LA TERRE** Environ 500 années-lumière
- **PÉRIODE ORBITALE** 130 jours terrestres
- **DÉCOUVERTE** En 2014 par la chercheuse américaine Elisa Quintana et son équipe
- **LOCALISATION** Constellation du Cygne

Jusqu'à une date récente, les seules planètes connues étaient celles du Système solaire. Mais grâce à leurs télescopes de plus en plus avancés, les astronomes ont aujourd'hui découvert des milliers de planètes en orbite autour d'étoiles situées loin de notre Soleil : on les appelle exoplanètes. Elles varient de la taille de géantes grosses comme deux fois Jupiter à des corps pas plus gros que notre Lune. Quelques-unes font partie d'un système de planètes ressemblant à notre Système solaire : c'est le cas de Kepler-186 f. Cette dernière appartient à un groupe de cinq planètes en orbite autour d'une même étoile : Kepler-186. Les scientifiques pensent qu'elle pourrait présenter une surface rocheuse comme celle de la Terre.

Comme la Terre, la surface rocheuse de Kepler-186 f pourrait abriter de l'eau liquide.

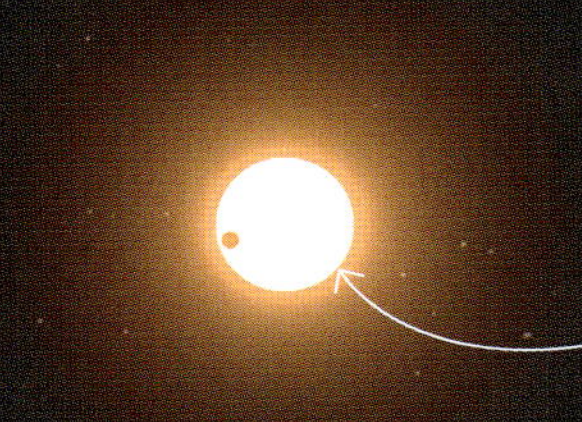

Kepler-186 est une naine rouge environ moitié moins grosse que notre Soleil.

Une planète ressemblant à la Terre

Cette représentation d'artiste montre Kepler-186 f sous des traits possibles semblables à ceux de la Terre. Elle fut détectée en 2014 par le télescope spatial Kepler, de la NASA. Elle se tient près de la bordure externe de la zone dite « habitable » autour de son étoile, dans laquelle les conditions pourraient être favorables à la présence d'eau liquide et au développement de la vie. Les autres planètes de son système, nommées Kepler-186 b, c et d, sont trop proches de leur étoile et donc trop chaudes pour y permettre la vie.

LE SYSTÈME KEPLER-62

Cette représentation d'artiste montre un système de cinq planètes en orbite autour d'une étoile située à 990 années-lumière de la Terre, découvertes en 2013 elles aussi par le télescope spatial Kepler. On y trouve une planète de la taille de Mars (Kepler-62 c), avec une température de surface de 300 °C, et deux planètes rocheuses massives (62 e et 62 F) jusqu'à dix fois plus grosses que la Terre. Ces deux dernières présentent une température de surface potentiellement favorable à la vie.

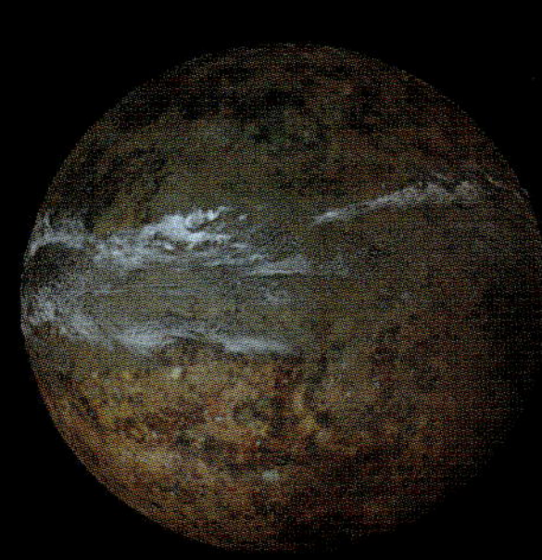

KEPLER-62 b

KEPLER-62 d

KEPLER-62 c

KEPLER-62 e

KEPLER-62 f

« Kepler-186 f fut la première exoplanète de la **taille de la Terre** découverte dans la zone habitable d'une étoile. »

FAITS ET CHIFFRES

Les exoplanètes sont difficiles à détecter car petites et cachées par la luminosité de l'étoile autour de laquelle elles gravitent. Les premières furent découvertes dans les années 1990. Depuis, le télescope spatial Kepler en a identifié des milliers. Les chercheurs pensent qu'il pourrait y en avoir d'autres à découvrir dans le système Kepler-186.

ORBITE

km (en millions) — 80 — 160

Kepler-186 f gravite à 65 millions de km de son étoile.

La Terre gravite à 150 millions de km du Soleil.

DIAMÈTRE

Le diamètre de Kepler-186 f est d'environ 15 000 km : elle est un peu plus grosse que la Terre.

ÂGE

On pense que le système Kepler-186 est âgé de 4 milliards d'années environ.

MONDE EXOPLANÉTAIRE

Cette création d'artiste représente l'étoile Proxima du Centaure se levant sur un paysage rocheux imaginé de l'exoplanète Proxima b. Les astronomes fouillent le cosmos à la recherche d'exoplanètes situées dans la « zone habitable » de leur étoile, c'est-à-dire la distance par rapport à cette dernière offrant une température permettant à l'eau de s'y trouver à l'état liquide et à la vie de se développer.

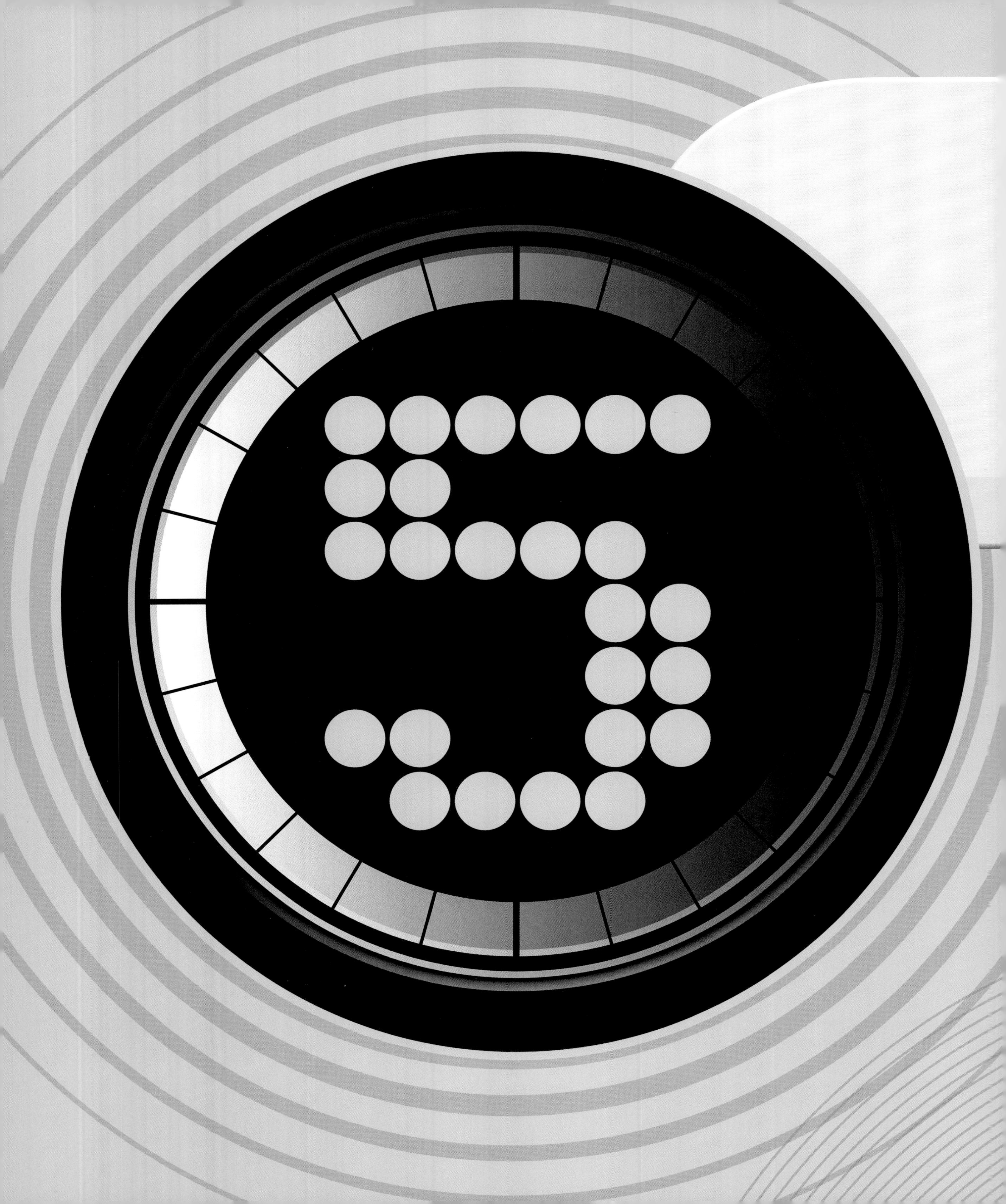
5

LES GALAXIES

L'Univers contient plus de 125 milliards de galaxies. Chacune est constituée d'un ensemble innombrable d'étoiles, de nuages de gaz et de poussières maintenus rassemblés par la gravité. Les galaxies ont commencé à se former il y a des milliards d'années lorsque des groupes d'étoiles se mêlèrent, avec l'étonnante variété de formes et de tailles qu'on leur connaît aujourd'hui.

NOTRE GALAXIE

LA VOIE LACTÉE

Quand on regarde le ciel par une nuit sombre et dégagée, on voit une large bande de lumière diffuse parsemée d'étoiles et de nébuleuses traversant la voûte céleste. C'est la Voie lactée : la galaxie abritant notre Système solaire. Elle apparaît comme une bande parce que nous la voyons de l'intérieur, mais il s'agit d'une gigantesque spirale barrée comptant plus de 200 milliards d'étoiles. Ses longs bras constitués d'étoiles, de poussières et de gaz s'enroulent autour d'un bulbe central au cœur duquel se cache un trou noir supermassif.

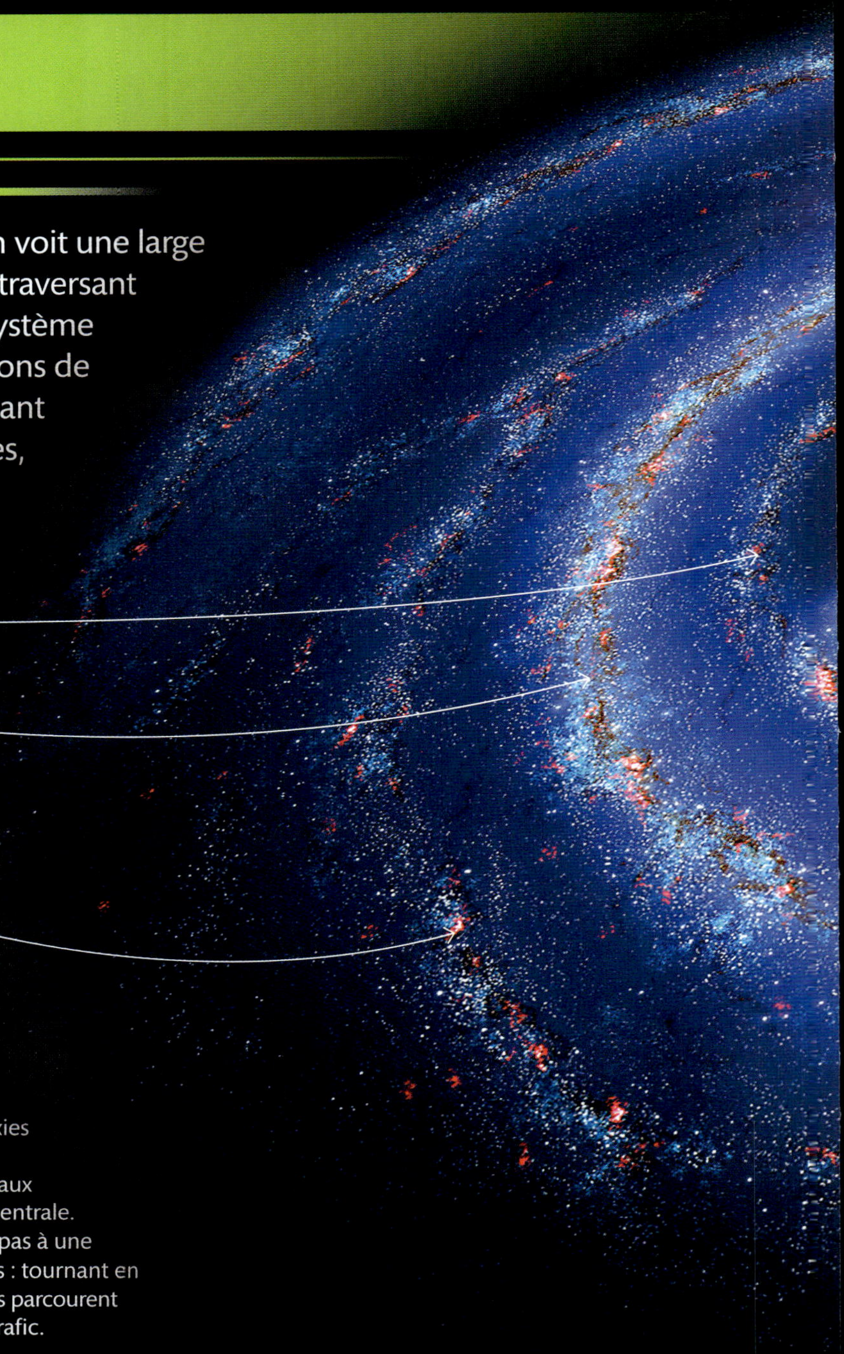

D'UN COUP D'ŒIL

Le centre de la Voie lactée vu par le télescope spatial Hubble

- **TYPE DE GALAXIE** Spirale barrée
- **LOCALISATION** Centre de la Voie lactée situé à environ 25 500 années-lum. du Système solaire
- **ÂGE** Plus de 13 milliards d'années
- **DÉCOUVERTE** Temps anciens ; les Grecs et les Romains comparaient la Voie lactée à du lait renversé.

Les bras spiraux

Vu de face, comme dans cette représentation d'artiste, le disque de notre galaxie nous apparaîtrait semblable à celui d'autres galaxies spirales barrées, c'est-à-dire composé de plusieurs bras spiraux s'enroulant autour de la barre centrale. Les étoiles ne se maintiennent pas à une place permanente dans les bras : tournant en orbite autour du centre, elles les parcourent comme des véhicules dans un trafic.

FAITS ET CHIFFRES

On pensait jadis que la Voie lactée constituait la totalité de l'Univers. Mais en 1923, l'astronome américain Edwin Hubble démontra l'existence d'autres galaxies en prouvant que d'autres structures en spirale barrée se trouvaient au-delà de la Voie lactée.

ORBITE

Le Système solaire gravite autour du centre de la Voie lactée à la vitesse de 864 000 km/h.

IMMENSE HALO

Un halo géant de gaz entoure la Voie lactée sur des milliers d'années-lumière dans l'espace.

CARTOGRAPHIE

La sonde Gaia a cartographié un milliard d'étoiles dans la Voie lactée.

VUE DE CÔTÉ

Vue de côté, la Voie lactée pourrait faire penser à deux œufs sur le plat placés dos à dos. Le disque principal de la galaxie fait environ 1 000 années-lumière d'épaisseur mais le bulbe central est six fois plus épais. De part et d'autre du bulbe et du disque figurent des amas globulaires : des étoiles très anciennes constituant des masses en forme de boule.

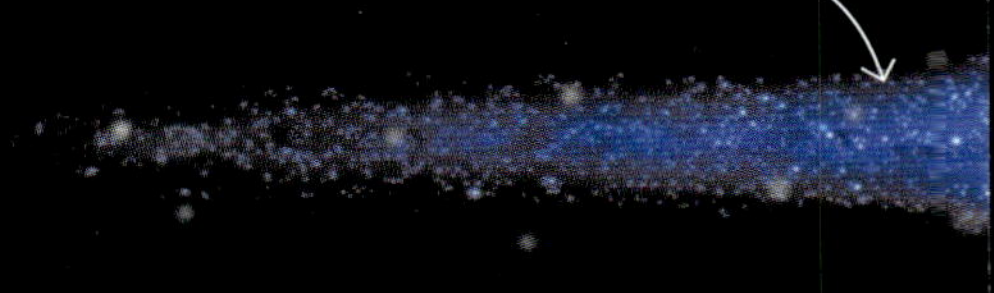

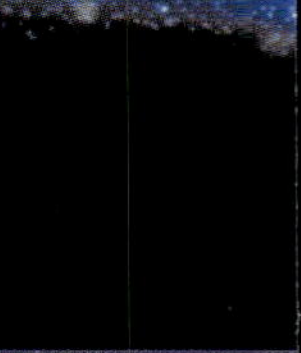

NOTRE PLACE DANS L'ESPACE

Notre Système solaire est situé sur le bord interne du bras d'Orion, un bras mineur de 25 000 années-lumière de long situé entre les bras de Persée et du Sagittaire. Les étoiles les plus brillantes de notre ciel nocturne se trouvent dans cette région de la galaxie.

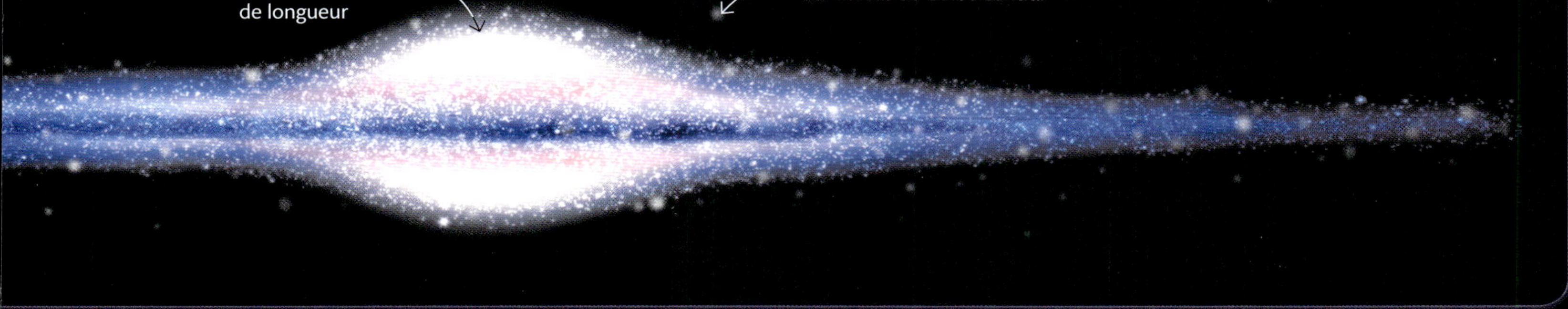

NOTRE GALAXIE

Les nuits où l'atmosphère est transparente, si le ciel est bien sombre et le paysage dépourvu de lumière parasite, on peut observer la Voie lactée. Cette vaste bande laiteuse qui traverse la voûte céleste est la lumière produite par les milliards d'étoiles distantes qui composent notre galaxie. Par endroits, cette lumière est masquée par des nuages sombres de poussières cosmiques.

UN TROU NOIR

SAGITTARIUS A*

Les trous noirs sont sans doute les objets les plus mystérieux et surprenants de l'Univers. Il s'agit de corps concentrant, dans un volume plus petit que celui d'un atome, une gigantesque quantité de matière. Ils produisent de ce fait une attraction gravitationnelle tout aussi gigantesque, à tel point que, passé une certaine limite, rien ne parvient à leur échapper. Tout ce qui les approche de trop près est irrémédiablement attiré vers leur centre : étoiles, planètes, gaz, poussières... Même la lumière ne peut échapper à leur emprise, ce qui rend les trous noirs eux-mêmes invisibles. Les télescopes spatiaux ont percé le halo de gaz et de poussières masquant le cœur de la Voie lactée et découvert des preuves de la présence, au centre de notre galaxie, d'un trou noir supermassif nommé Sagittarius A*.

D'UN COUP D'ŒIL

- **DISTANCE DE LA TERRE** Environ 26 000 années-lumière
- **MASSE** Environ 4 millions de fois celle du Soleil
- **DÉCOUVERTE** En 1974 par les astronomes américains Bruce Balick et Robert Brown
- **LOCALISATION** Constellation du Sagittaire

Sagittarius A* se trouve dans cette région lumineuse de la Voie lactée.

FAITS ET CHIFFRES

La plupart des galaxies possèdent un trou noir supermassif en leur centre, mais sont trop lointaines pour qu'on puisse les étudier. Sagittarius A* est l'un des rares trous noirs où l'on peut observer des flux de matière autour.

ÉTOILES SUPER-RAPIDES

Les étoiles proches gravitent autour de Sagittarius A* à des vitesses atteignant 5 millions de km/h.

TEMPS

La gravité du trou noir modifie le temps : il s'écoule plus lentement près de celui-ci.

TROUS NOIRS EN MASSE

Les données de Chandra ont révélé des milliers de trous noirs plus petits autour de Sagittarius A*.

EFFET GRAVITATIONNEL

Tout corps plongeant dans un trou noir est étiré comme un spaghetti.

AUTOUR DU TROU

Cette vue d'artiste montre un trou noir supermassif au centre d'une galaxie. Il est entouré d'un disque de matière chaude et brillante tournoyant en spirale autour du trou noir qui l'attire. Toute matière qui passe trop près de ce dernier s'y retrouve piégée pour l'éternité.

NOTRE GALAXIE VOISINE

LA GALAXIE D'ANDROMÈDE

LA GALAXIE SPIRALE LA PLUS PROCHE DE LA TERRE

La galaxie d'Andromède est l'objet céleste le plus distant visible à l'œil nu depuis la Terre. Âgée d'environ 10 milliards d'années, elle résulterait de la collision de deux galaxies plus petites, et renferme 1 000 milliards d'étoiles : plus du double de notre propre galaxie. Elle abrite aussi quelque 460 amas globulaires contenant chacun des centaines de milliers d'étoiles, et plusieurs petites galaxies sont en orbite autour d'elle sous l'effet de sa puissante attraction gravitationnelle. Dans environ 4 milliards d'années, elle devrait entrer en collision avec la Voie lactée pour former une galaxie géante.

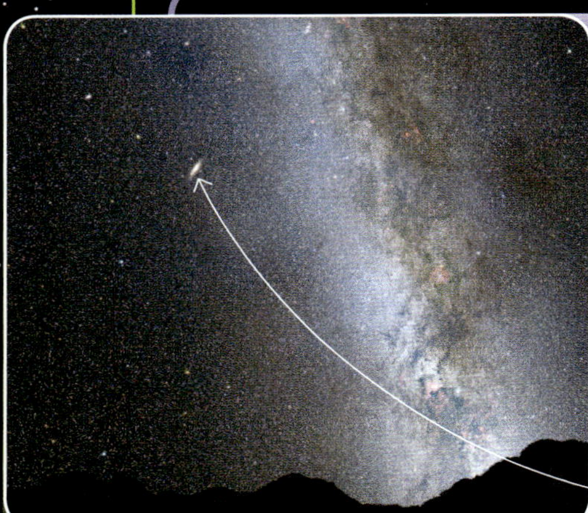

D'UN COUP D'ŒIL

- **TYPE DE GALAXIE** Spirale
- **DISTANCE DE LA TERRE** 2,54 millions d'années-lumière
- **DÉCOUVERTE** Première mention connue due à l'astronome arabe Abd al-Rahman al-Soufi en l'an 964 dans son *Livre des étoiles fixes*
- **MAGNITUDE** 3,4

La galaxie d'Andromède apparaît comme une tache floue ovale proche de la Voie lactée.

FAITS ET CHIFFRES

En 1925, l'astronome américain Edwin Hubble démontra qu'Andromède était une galaxie distincte et non une nébuleuse incluse dans la Voie lactée, comme on le croyait jusque-là. À partir de là, Hubble mit au point un système de classification des galaxies.

DIAMÈTRE

années-lumière (× 1 000)

150 300

La galaxie d'Andromède présente un diamètre de 220 000 années-lumière.

Celui de la Voie lactée est de seulement 100 000 années-lumière.

TRAJECTOIRE

Andromède se rapproche de la Voie lactée à la vitesse de 400 000 km/h.

TROU NOIR

Son trou noir central est plusieurs centaines de millions de fois plus massif que le Soleil.

UNE SPIRALE GÉANTE

Cette photo en couleurs naturelles révèle toute la beauté de la galaxie d'Andromède. Son bulbe brillant central est constitué d'étoiles anciennes tandis que ses bras spiraux sont pleins de jeunes étoiles lumineuses. Plusieurs petites galaxies gravitent autour.

DES SURSAUTS SPECTACULAIRES

LA GALAXIE M82

L'éclatante galaxie M82 émet cinq fois plus de lumière que notre Voie lactée. Il s'agit d'une galaxie à sursauts de formation d'étoiles située dans la constellation de la Grande Ourse. Son aspect spectaculaire est dû au taux exceptionnel de formation d'étoiles qui règne en son cœur. M82 ne fait pourtant qu'un tiers de la taille de la Voie lactée, mais le nombre d'étoiles qui naissent en son sein est dix fois plus élevé. Le premier sursaut de formation d'étoiles s'y est produit il y a environ 600 millions d'années lorsque M82 est presque entrée en collision avec sa voisine, la galaxie M81. Le centre de M82 fut fortement perturbé par l'attraction gravitationnelle de M81, ce qui a déclenché la formation de nombreux amas d'étoiles nouvelles.

D'UN COUP D'ŒIL

- **TYPE DE GALAXIE** Spirale
- **DISTANCE DE LA TERRE** Environ 12 millions d'années-lumière
- **MAGNITUDE** 8,4
- **NOMBRE D'AMAS STELLAIRES** Environ 197 dans le cœur

FAITS ET CHIFFRES

En 1774, l'astronome allemand Johann Elert Bode découvrit M82. N'ayant pas connaissance des travaux de ce dernier, l'astronome français Pierre Méchain la « découvrit » à son tour en 1779.

DIAMÈTRE

CŒUR BRILLANT

Le cœur de M82 brille environ 100 fois plus que celui de la Voie lactée.

SUPER PULSAR

La galaxie renferme M82 X-2, l'un des pulsars les plus puissants de la Voie lactée.

ÉCLATANTE GALAXIE

Galaxie à sursaut d'étoiles la plus proche de la Voie lactée, M82 est assez petite et entourée de nuages de gaz et de poussières. Cette image remarquable due au télescope spatial Hubble combine des vues dans la lumière visible et l'infrarouge. Les parties rouges sont de l'hydrogène libéré par l'intense formation d'étoiles.

LA PREMIÈRE
GALAXIE SPIRALE
OBSERVÉE

UN VORTEX DE LUMIÈRE

LA GALAXIE DU TOURBILLON

Soulignés par d'immenses traînées sombres de gaz et de poussières, les bras spiraux de la galaxie du Tourbillon abritent des milliards d'étoiles. Cette galaxie, connue aussi sous le nom de M51a, est de taille similaire à notre Voie lactée, mais elle a pris de l'ampleur en entrant en interaction avec la galaxie irrégulière voisine, une naine nommée M51b. Il y a des millions d'années, la gravité de cette dernière a commencé à étirer les bras spiraux de M51a, ce qui a eu pour effet de comprimer l'hydrogène gazeux qu'ils renfermaient, déclenchant la formation d'étoiles nouvelles. Comme dans la plupart des galaxies, au centre de M51a se cache un trou noir supermassif.

D'UN COUP D'ŒIL

- **TYPE DE GALAXIE** Spirale
- **DISTANCE DE LA TERRE** 23 millions d'années-lumière
- **MAGNITUDE** 8,4
- **DÉCOUVERTE** En 1773, par l'astronome français Charles Messier

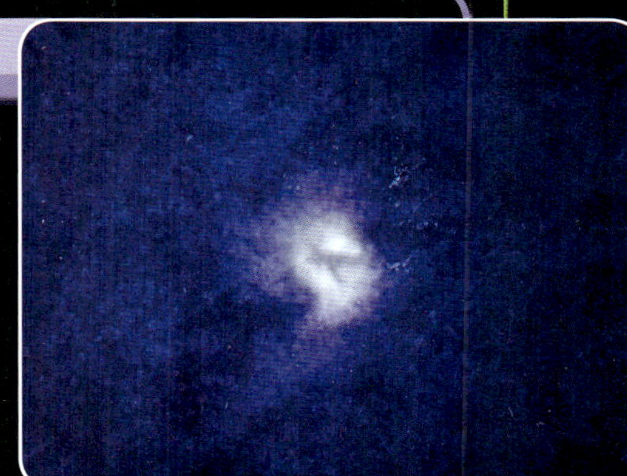

Le cœur brillant de la galaxie du Tourbillon est visible sur cette photo prise par le télescope spatial Hubble.

FAITS ET CHIFFRES

La forme de la galaxie du Tourbillon a été identifiée en 1845 lorsque l'astronome irlandais Lord Rosse observa ses bras spiraux à travers son télescope géant.

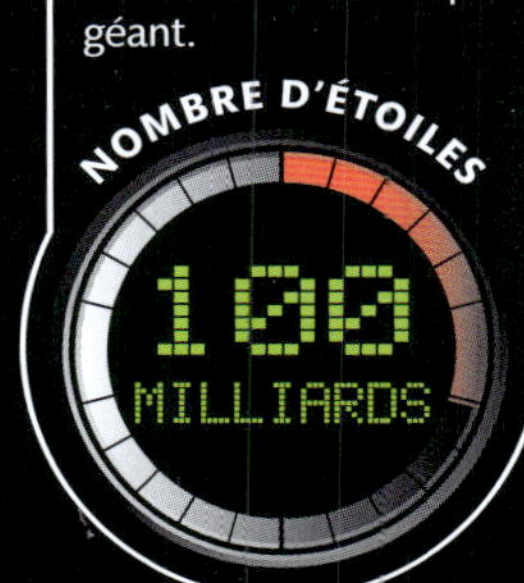

OBSERVATION

M51 est décelable aux jumelles dans la constellation des Chiens de Chasse.

DIAMÈTRE

Cette galaxie a un diamètre d'environ 65 000 à 80 000 années-lumière.

SUPERNOVÆ

Les supernovæ sont rares, mais trois ont été observées dans cette galaxie entre 1994 et 2011.

LIEN INTERGALACTIQUE

Un pont de gaz et de poussières relie la galaxie du Tourbillon à M51b.

UNE GALAXIE LUMINEUSE

Cette remarquable photo réalisée par le télescope spatial Hubble montre la galaxie du Tourbillon, ses bras spiraux illuminés par des étoiles nouveau-nées. Les étoiles les plus jeunes sont situées dans les régions externes claires, les plus anciennes près du centre. La galaxie M51b est visible à droite en haut, passant lentement derrière l'un des bras de M51a où se forment de nouvelles étoiles.

LES GALAXIES DES ANTENNES

UNE COLLISION COSMIQUE

Attirées l'une vers l'autre par leur propre gravité, les galaxies NGC 4038 et NGC 4039 sont en collision entre elles depuis plusieurs centaines de millions d'années. Cette danse cosmique est le résultat d'un impact dont la violence provoque la compression d'énormes masses de gaz et de poussières, ce qui entraîne la formation de millions d'étoiles nouvelles. Deux longs bras de gaz, de poussières et d'étoiles s'échappent en traînée des bulbes des deux galaxies, évoquant les antennes d'un insecte, ce qui leur a valu leur nom. Ces traînées, formées lors de la rencontre initiale, nous montrent ce qui risque de se produire lorsque la Voie lactée viendra heurter la galaxie d'Andromède dans environ 4 milliards d'années.

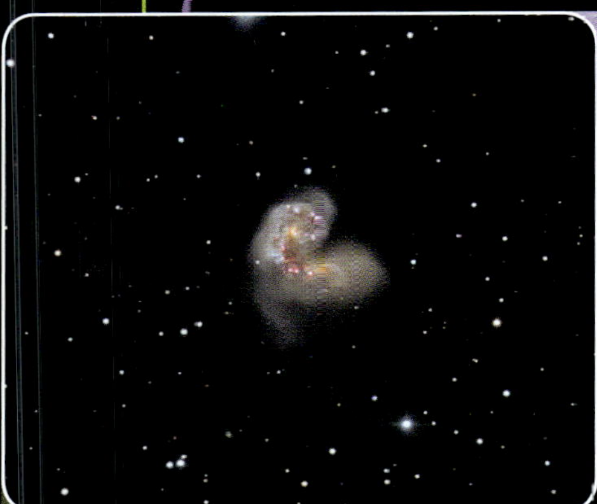

D'UN COUP D'ŒIL

- **TYPES DE GALAXIES** Spirale (NGC 4039) et spirale barrée (NGC 4038)
- **DISTANCE DE LA TERRE** 60-65 millions d'années-lumière
- **PREMIÈRE COLLISION DES GALAXIES** Il y a environ 500 millions d'années
- **DÉCOUVERTE** En 1785 par l'astronome germano-britannique William Herschel

Les deux galaxies en collision évoquent un insecte.

FAITS ET CHIFFRES

Il y a environ un milliard d'années, les galaxies des Antennes étaient deux galaxies distinctes. Dans quelque 300 à 400 millions d'années, leurs bulbes auront fusionné pour former une unique galaxie.

NOMBRE D'ÉTOILES

On pense que les deux galaxies renferment près de 300 milliards d'étoiles.

LONGÉVITÉ

La plupart des étoiles nouvelles des deux galaxies ne dureront que 10 millions d'années environ.

BULBES

La distance entre les bulbes des deux galaxies est d'environ 30 000 années-lumière.

DIAMÈTRE

Les galaxies des Antennes ont un diamètre 5 fois plus large que la Voie lactée.

UN CHAOS COLORÉ

Sur cette photographie due au télescope spatial Hubble, les nuages de gaz apparaissent en rose et en rouge, les régions de formation d'étoiles en bleu. Les amas sombres sont des nuages de gaz qui masquent la lumière. Les deux masses orange vif sont les bulbes des galaxies.

UNE CENTRALE D'ÉNERGIE COSMIQUE

LA GALAXIE ACTIVE ULAS J1120+0641

Situées dans l'Univers lointain, les galaxies actives comptent parmi les objets les plus brillants et les plus énergétiques du cosmos. Dans les galaxies de ce type, c'est le noyau – et non les étoiles – qui génère le rayonnement le plus intense, en quantité énorme. Et parmi celles-ci, la très brillante ULAS J1120+0641 est un quasar, le type le plus puissant de galaxie active. Son incroyable luminosité est due à la présence du trou noir supermassif situé en son centre. Sous l'effet de l'attraction gravitationnelle générée par ce dernier, un disque de poussières et de gaz brûlants se précipite vers le trou noir en tournoyant autour de celui-ci à très grande vitesse. L'énergie gigantesque produite par le processus est pour partie émise vers l'espace sous la forme de quantités phénoménales de rayonnements hautement énergétiques.

Un quasar surpuissant

Cette représentation d'artiste montre la galaxie active ULAS J1120+0641. Celle-ci est similaire aux autres galaxies, mais avec un noyau extrêmement brillant en son centre, accompagné de puissants jets de particules émis dans l'espace. Classée parmi les quasars, elle s'est formée il y a environ 13 milliards d'années.

Un anneau tournoyant de poussières et de gaz épais, appelé disque d'accrétion, s'accumule autour du noyau de la galaxie. Le halo très lumineux qu'il produit empêche toute vision plus en profondeur.

Un trou noir supermassif se trouve au centre du quasar.

D'UN COUP D'ŒIL

ULAS J1120+0641 apparaît sous la forme d'une faible tache rouge sur cette image.

- **TYPE DE GALAXIE** Quasar
- **DISTANCE DE LA TERRE** La lumière observée provient de 12,9 milliards d'années-lumière de distance. Le quasar est actuellement en réalité à environ 29 milliards d'années-lumière.
- **DÉCOUVERTE** En 2011 dans le cadre du programme UKIRT Infrared Deep Sky Survey
- **LOCALISATION** Constellation du Lion

« ULAS J1120+0641 brille autant que 63 000 milliards de Soleils. »

LES GALAXIES ACTIVES

Toutes les galaxies actives ont un noyau hautement énergétique. Les chercheurs les classent en différents groupes selon leur niveau d'activité et l'aspect qu'elles prennent observées depuis la Terre.

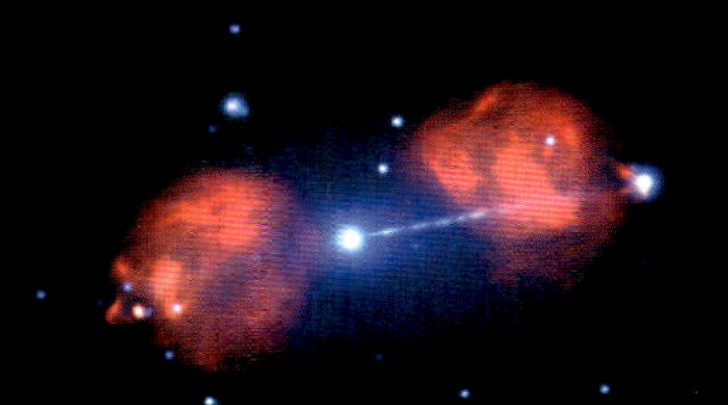

Les radiogalaxies

Cette radiogalaxie, Pictor A, émet des ondes radio à partir de lobes de gaz alimentés par des jets de particules longs de plus de 300 000 années-lumière émis par le noyau actif.

Les galaxies de Seyfert

Les galaxies de Seyfert sont typiquement des galaxies spirales, telle NGC 6814 illustrée ici, mais leur cœur est exceptionnellement brillant. NGC 6814 émet aussi des rayons X.

Les quasars

Les quasars sont les galaxies actives les plus lointaines, avec un noyau extrêmement brillant et actif. Cette représentation d'artiste montre de la lumière émise par le disque central du quasar SDSS J1106+1939.

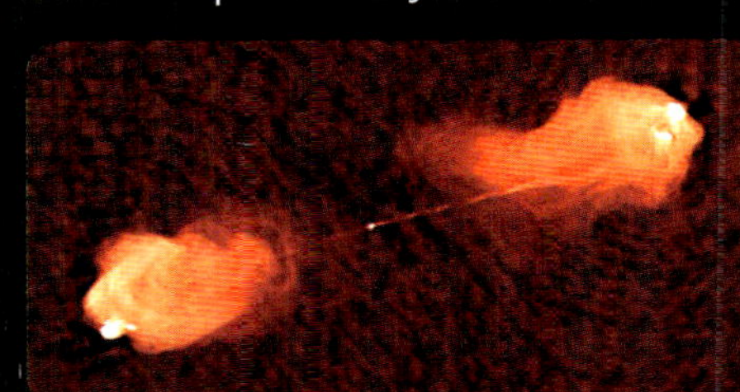

Les blazars

La galaxie active Markarian 501 (l'objet brillant au centre de l'image) envoie de puissants jets à travers l'espace, dirigés droit vers la Terre : dans ce cas, elle est appelée blazar.

FAITS ET CHIFFRES

Le noyau des galaxies actives produit différents types de radiations, tels que les ondes radio, les rayons X et gamma. Deux jets s'étirant sur de très nombreuses années-lumière jaillissent dans le prolongement de l'axe du trou noir.

LOINTAIN QUASAR

ULAS J1120+0641 est le deuxième quasar le plus distant découvert.

JETS RAPIDES

Les jets émis par les quasars circulent presque à la vitesse de la lumière.

TROU NOIR

Le trou noir au centre de ULAS J1120+0641 est deux milliards de fois plus massif que notre Soleil.

BRILLANCE EXTRÊME

Certains quasars émettent 10 000 fois plus d'énergie que toute la Voie lactée.

CHAPEAU CÉLESTE

LA GALAXIE DU SOMBRERO

La galaxie du Sombrero doit son nom à sa forme qui évoque celle du chapeau mexicain à large bord. On la considère généralement comme une galaxie spirale, mais ses bras spiraux sont difficiles à distinguer dans le halo très lumineux diffusé par le très gros bulbe central. Et des observations récentes tendraient à prouver qu'il s'agit en fait d'une galaxie elliptique pourvue d'un disque central. Quoi qu'il en soit, sa forte luminosité est due à la présence, dans le noyau, de quelque 2 000 amas d'étoiles anciennes : dix fois plus que dans la Voie lactée. Le Sombrero totalise environ 1 300 milliards d'étoiles, en comptant celles figurant dans le disque. Les observations suggèrent que le trou noir supermassif au centre pourrait être l'un des plus massifs de toutes les galaxies proches.

D'UN COUP D'ŒIL

- **TYPE DE GALAXIE** Spirale ou peut-être elliptique
- **DISTANCE DE LA TERRE** 29,3 millions d'années-lumière
- **DÉCOUVERTE** En 1781 par l'astronome français Pierre Méchain
- **LOCALISATION** Constellation de la Vierge

La galaxie du Sombrero

FAITS ET CHIFFRES

Bien que cette galaxie soit visible aux jumelles, il faut un petit télescope d'amateur pour voir clairement son disque, et un plus puissant pour détecter l'anneau de poussières.

VITESSE

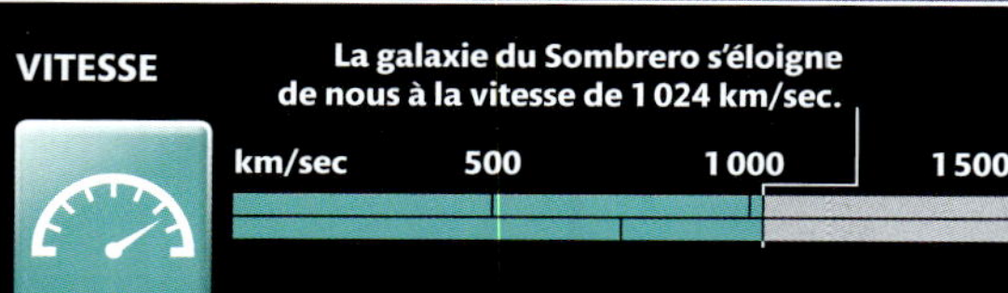

TAILLE

La galaxie du Sombrero est environ moitié moins large que la Voie lactée.

AMAS ANCIENS

Les amas de vieilles étoiles de cette galaxie ont 10 à 13 milliards d'années.

UN ANNEAU SOMBRE

Cette image due au télescope spatial Hubble montre le halo brillant de la galaxie du Sombrero. Un large anneau sombre de poussières et d'hydrogène gazeux l'encercle, masquant en partie la lumière de ses étoiles et délimitant le « bord » du Sombrero.

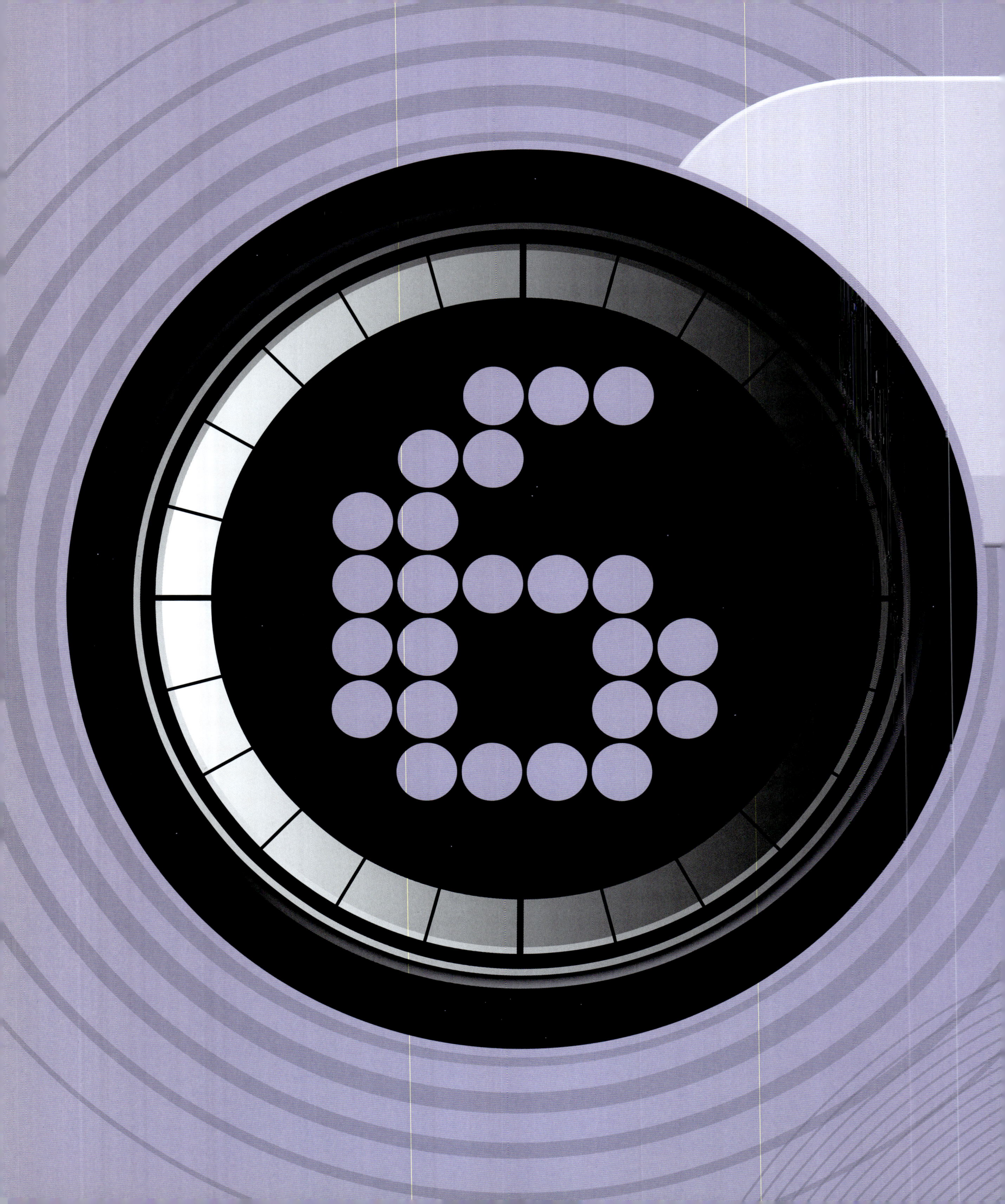
6

L'EXPLORATION SPATIALE

Dès les temps
les plus anciens, l'homme
a montré une fascination
pour les objets célestes. Grâce
à l'invention des lunettes et des
télescopes au XVIIe siècle, les astronomes
ont commencé à découvrir de nouvelles
planètes et leurs lunes, ainsi que
de nouvelles étoiles. De nos jours,
des sondes robotisées voyagent
à travers le Système solaire pour
survoler les planètes et même
se poser dessus.

TECHNOLOGIE DE POINTE

Dotés de leur immense miroir segmenté à optique active et bardés d'électronique de détection, les télescopes Keck ont une extraordinaire puissance d'observation. Ils mettent à portée de vue des objets situés à plus de 10 milliards d'années-lumière

UNE FENÊTRE SUR L'ESPACE

LES TÉLESCOPES KECK

L'observatoire W. M. Keck, à Hawaï, abrite deux des plus grands télescopes optiques du monde. Perchée près du sommet du Mauna Kea – un volcan endormi –, la station est située loin des lumières urbaines, en haute altitude sous un ciel rarement couvert de nuages, ce qui constitue des conditions idéales pour observer l'espace. Ses deux télescopes sont équipés chacun d'un miroir primaire plus large que celui de la majorité des autres grands télescopes optiques terrestres. En plus de 20 ans d'activité, ils ont permis aux scientifiques d'observer des galaxies lointaines, des exoplanètes ainsi que la région autour du trou noir supermassif situé au centre de notre galaxie, la Voie lactée.

D'UN COUP D'ŒIL

- **TYPE DE TÉLESCOPES** Optiques, lumière visible et infrarouge
- **LOCALISATION** Mauna Kea, Hawaï, 4 145 mètres d'altitude
- **MISE EN SERVICE** 1993 (Keck I), 1996 (Keck II)
- **OPÉRATEUR** California Association for Research in Astronomy

Le miroir primaire de chacun des télescopes Keck est presque aussi large qu'un court de tennis.

FAITS ET CHIFFRES

L'atmosphère terrestre brouille la vue sur les objets célestes. Les télescopes Keck disposent de miroirs à optique active formés de segments hexagonaux qui se déplacent indépendamment jusqu'à 2 000 fois par seconde pour corriger les distorsions.

DIAMÈTRE DES MIROIRS
Chacun des deux miroirs principaux a un diamètre de 9,80 m.

OPTIQUE ACTIVE
Les miroirs primaires sont formés de 36 miroirs hexagonaux distincts contrôlés par ordinateur.

QUALITÉ D'IMAGE
Les images des Keck peuvent être aussi nettes que celles du télescope spatial Hubble.

CHASSEURS D'EXOPLANÈTES
Rien qu'en 2017, les télescopes Keck ont découvert plus de 100 exoplanètes potentielles.

L'E-ELT

LE TÉLESCOPE GÉANT EUROPÉEN

LE PLUS GRAND TÉLESCOPE OPTIQUE DU MONDE

Sur une montagne du Chili, des ingénieurs sont actuellement en train de construire le plus grand télescope optique du monde : l'E-ELT, ou *European Extremely Large Telescope*, nommé en français le « Télescope géant européen ». Il sera 100 millions de fois plus sensible que l'œil humain, permettant d'observer plus loin dans l'espace que tout autre télescope optique avant lui. Installé sous une coupole de la hauteur d'un bâtiment de 15 étages, l'E-ELT scrutera le ciel pour étudier les trous noirs supermassifs, les premières galaxies, les exoplanètes et les étoiles en formation. L'observation de l'Univers à un tel niveau de détails devrait permettre aux scientifiques de nouvelles découvertes extraordinaires.

Voici le miroir primaire de l'E-ELT.

D'UN COUP D'ŒIL

- **TYPE DE TÉLESCOPE** Optique, lumière visible et infrarouge
- **LOCALISATION** Désert d'Atacama, nord du Chili, 3 060 mètres d'altitude
- **MISE EN SERVICE** Prévue en 2024
- **OPÉRATEUR** Observatoire européen austral (ESO)

FAITS ET CHIFFRES

Ce télescope utilisera un système spécial de miroirs à optique adaptative et des rayons laser projetés dans le ciel lui permettant d'obtenir des images d'une exceptionnelle netteté. Le bâtiment abritant le télescope sera monté sur un système amortissant les vibrations dues aux séismes.

POIDS

Le poids de l'E-ELT sera 240 fois plus élevé que celui du télescope spatial Hubble.

ALTITUDE

L'E-ELT trônera à plus de 3 000 m d'altitude dans les Andes chiliennes.

MIROIR PRIMAIRE

Le miroir principal présentera un diamètre de 39 m et une surface de 978 m^2 : plus de 3,5 fois la taille d'un court de tennis.

m^2 — 500 — 1 000

« Le miroir primaire du télescope sera constitué de 798 segments hexagonaux. »

UN ŒIL VERS LE CIEL
L'E-ELT est en construction dans une région du nord du Chili située très à l'écart des lumières parasites des villes et où le ciel est dépourvu de nuages. Sur cette représentation d'artiste, la coupole du télescope est illustrée en train de s'ouvrir.

LA PLUS GRANDE ANTENNE RADIO DU MONDE

LE FAST

RADIOTÉLESCOPE GÉANT

Le plus grand radiotélescope à appareil unique du monde a été construit dans une cuvette naturelle dans des montagnes reculées de Chine. Son nom : le « Radiotélescope sphérique de 500 mètres d'ouverture », abrégé par l'acronyme anglais FAST, pour *Five-hundred-meter Aperture Spherical Telescope*. Il collecte les faibles signaux radio émis par les objets célestes tels que les galaxies et les pulsars, dont il découvrit deux nouveaux exemplaires dès 2017, peu après sa mise en service. Son réflecteur est composé de 4 450 panneaux d'aluminium triangulaires indépendants dont la position est ajustable par ordinateur grâce à un réseau de câbles mobilisés par plus de 2 000 poulies, permettant de focaliser le réflecteur sur une radiosource de façon optimale.

D'UN COUP D'ŒIL

- **TYPE DE TÉLESCOPE** Radiotélescope à appareil unique
- **LOCALISATION** Province de Guizhou, sud-ouest de la Chine
- **CONSTRUCTION** 2011-2016
- **OPÉRATEUR** Observatoires astronomiques nationaux de Chine (NAOC)

Les panneaux d'aluminium sont orientables par ordinateur.

FAITS ET CHIFFRES

Grâce à son immense réflecteur, le FAST peut détecter de très faibles radiosources. Lorsqu'il sera pleinement fonctionnel, il devrait permettre de nombreuses découvertes.

DIAMÈTRE

m 250 500 750

Le réflecteur du FAST a un diamètre de 500 m.

Celui du réflecteur du radiotélescope d'Arecibo, à Porto Rico, mesure 305 m.

SURFACE D'ANTENNE ENVIRON 30 TERRAINS DE FOOTBALL

DONNÉES

Le FAST peut collecter 3 millions de gigaoctets de données par an.

À LA RECHERCHE DE LA VIE

Le FAST scrute aussi l'espace à la recherche d'éventuels signaux radio extraterrestres.

COLLECTEUR DE DONNÉES

Six tours métalliques hautes de 100 m dominent le réflecteur géant du FAST. Elles supportent la cabine focale, suspendue par des câbles au-dessus du réflecteur. Celle-ci contient les antennes qui reçoivent les ondes radio focalisées par le réflecteur.

UN TRÈS LARGE RÉSEAU
Montées sur un pied articulé, les paraboles sont toutes pointées sur le même objet à observer. Déployées au maximum sur leurs rails, elles couvrent une surface plus vaste que la ville de Washington DC, aux États-Unis.

LE PLUS PERFECTIONNÉ DES RADIOTÉLESCOPES EN RÉSEAU

DES ANTENNES EN RÉSEAU

LE *VERY LARGE ARRAY*

Pour capter les faibles ondes radio venues de l'espace, les radioastronomes ont deux possibilités : soit ils utilisent une unique énorme antenne, soit ils relient plusieurs petites entre elles et les font fonctionner en réseau, selon une technique appelée interférométrie. L'un des radiotélescopes les plus puissants et polyvalents du monde, le *Very Large Array* (« Très grand réseau »), ou VLA, fonctionne ainsi. Chacun des 27 réflecteurs paraboliques qui le composent est équipé de 8 récepteurs qui captent les ondes radio émises par les étoiles et autres corps célestes. Le VLA a ainsi découvert quasars, trous noirs et galaxies lointaines, et même de la glace sur Mercure.

D'UN COUP D'ŒIL

- **TYPE DE TÉLESCOPE** Radiotélescope
- **LOCALISATION** Socorro, plaine de San Augustin, Nouveau-Mexique, États-Unis
- **CONSTRUCTION** 1973-1980
- **OPÉRATEUR** National Radio Astronomy Observatory (NRAO)

Les antennes du VLA, mobiles et montées sur rails, sont disposées en trois branches de 21 km chacune, formant un Y.

FAITS ET CHIFFRES

De son nom complet le *Karl G. Jansky Very Large Array*, le VLA a été nommé ainsi en 2012 en l'honneur de l'inventeur de la radioastronomie.

TAILLE

Chaque antenne parabolique mesure 25 m de diamètre.

m 15 30 45

SUPERORDINATEUR

L'ordinateur qui analyse les données du VLA peut effectuer 10 millions de milliards d'opérations par seconde.

(en billions) 6 000 12 000

POIDS D'UNE PARABOLE

209 TONNES

Le premier radiotélescope construit par Karl G. Jansky tournait sur lui-même, monté sur des pneus de voiture Ford Modèle T.

UN OBSERVATEUR DE L'UNIVERS

LE TÉLESCOPE SPATIAL HUBBLE

Aucun télescope n'a contribué comme Hubble à autant de découvertes astronomiques, depuis l'intérieur de notre Système solaire jusqu'aux galaxies les plus distantes. Il compte à son actif plus de 1,3 million d'observations distinctes d'objets célestes. En orbite au-dessus de l'atmosphère terrestre, cet observatoire automatisé détecte la lumière ultraviolette et infrarouge qui ne parvient pas aux télescopes terrestres et ses images, non troublées par les perturbations de l'atmosphère, sont d'une incroyable netteté.

D'UN COUP D'ŒIL

- **TYPE DE TÉLESCOPE** Optique/Ultraviolet/Infrarouge
- **DATE DE LANCEMENT** 24 avril 1990, placé en orbite par la navette spatiale Discovery
- **DURÉE DE LA MISSION** En cours
- **OPÉRATEUR** NASA

Conception spéciale pour télescope spatial

En orbite autour de la Terre à la vitesse de 27 400 km/h, le télescope spatial est de la taille d'un autobus. Son enveloppe extérieure en aluminium est recouverte d'un film réflecteur de chaleur. Les instruments scientifiques et les miroirs qui l'équipent sont fixés sur une armature légère en graphite. L'appareil est radiocommandé à distance par les astronomes de différents pays.

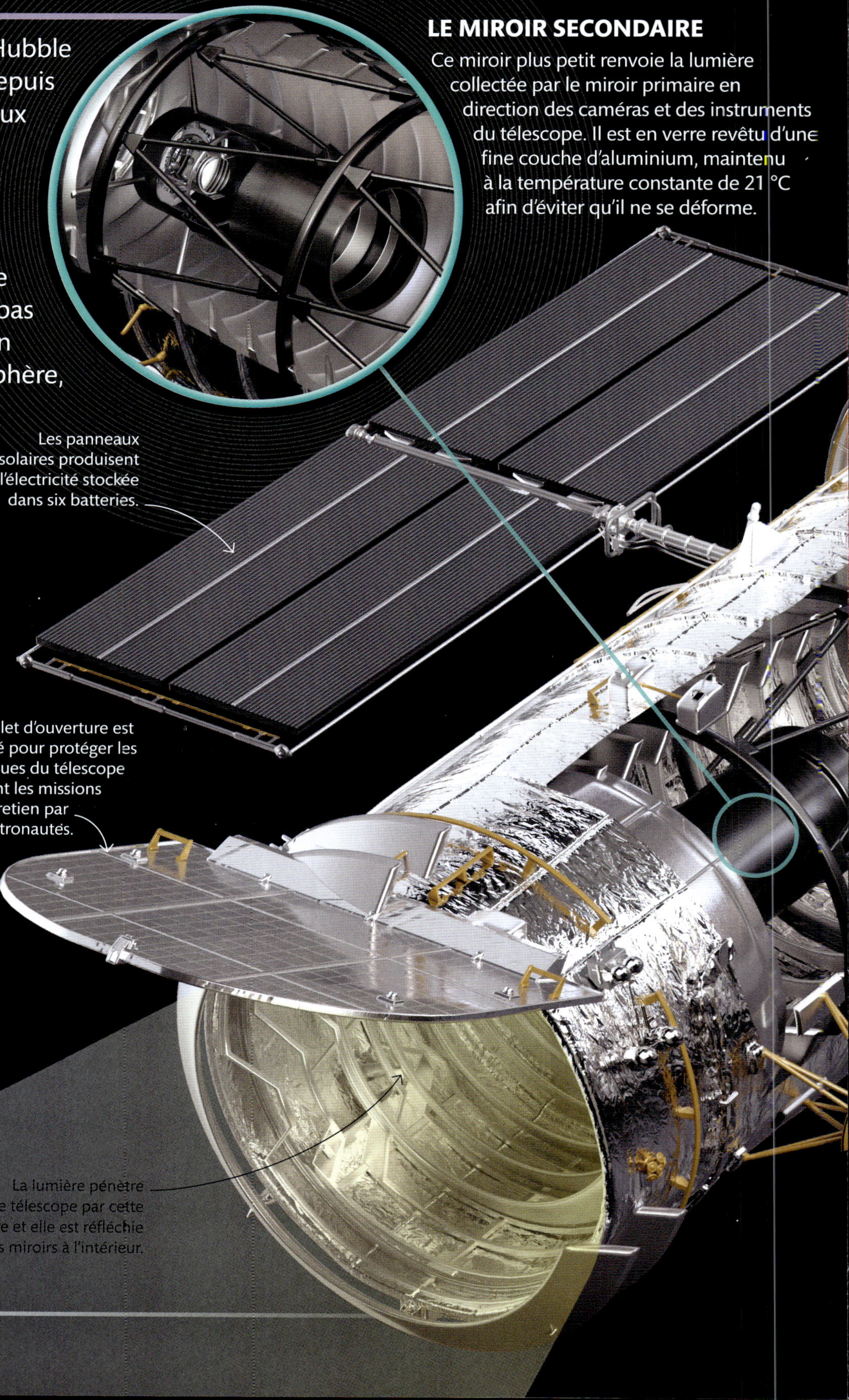

LE MIROIR SECONDAIRE

Ce miroir plus petit renvoie la lumière collectée par le miroir primaire en direction des caméras et des instruments du télescope. Il est en verre revêtu d'une fine couche d'aluminium, maintenu à la température constante de 21 °C afin d'éviter qu'il ne se déforme.

LE MIROIR PRIMAIRE

La fabrication du miroir primaire du télescope Hubble a débuté en 1979. Large de 2,40 m de diamètre, il a été poli quotidiennement pendant neuf mois pour le rendre presque parfaitement lisse afin qu'il capte les rayons lumineux avec la plus grande précision. Le miroir collecte ainsi près de 40 000 fois plus de lumière que l'œil humain.

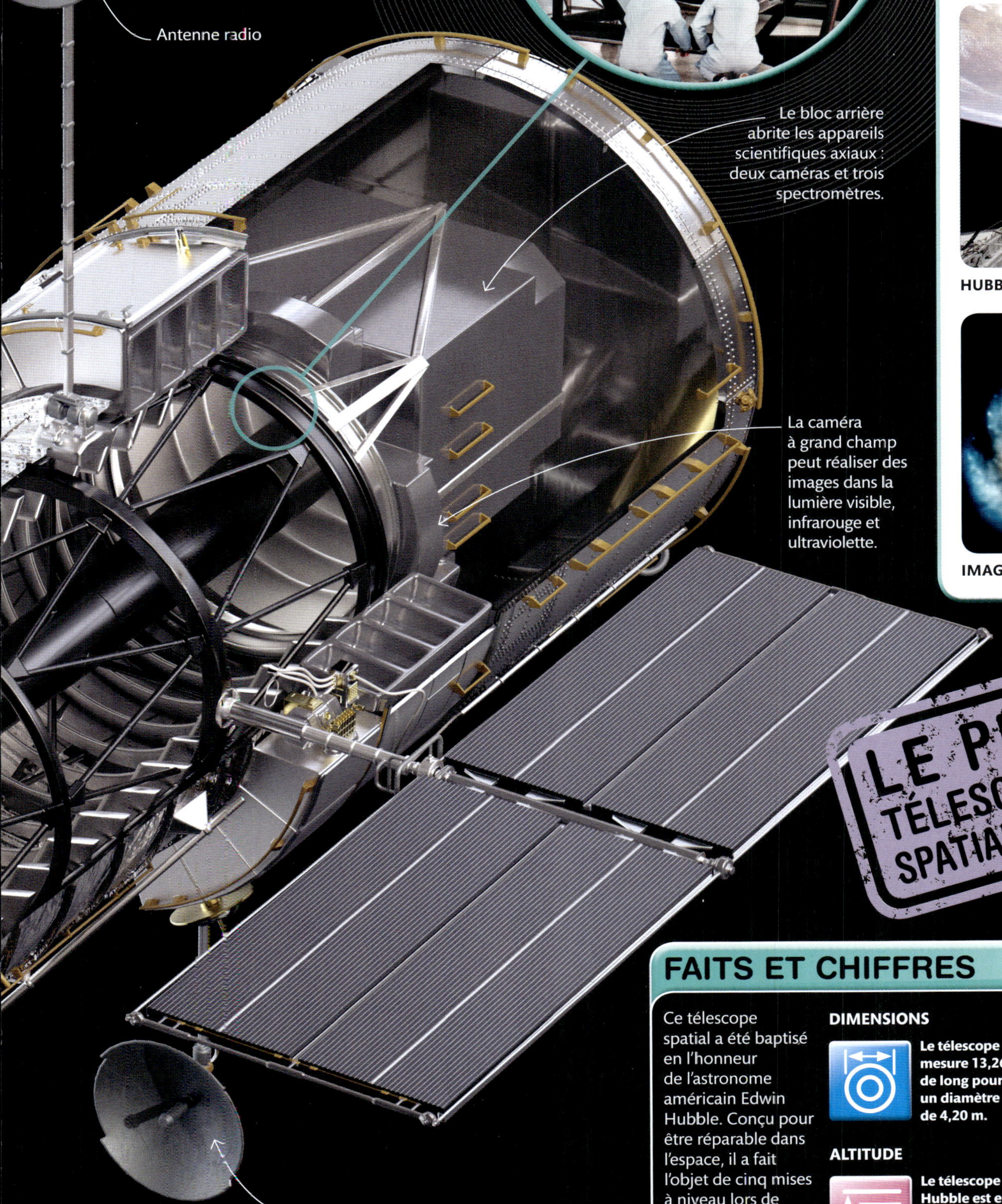

UNE VISION RÉPARÉE

Un défaut dans le miroir primaire de Hubble, qui fut découvert après son lancement, produisait, à l'origine, des images floues. En 1993, des astronautes effectuèrent une sortie de sept heures dans l'espace pour fixer sur Hubble le dispositif COSTAR, un instrument d'optique avancée faisant office de lentille de contact correctrice.

HUBBLE EN COURS DE RÉPARATION

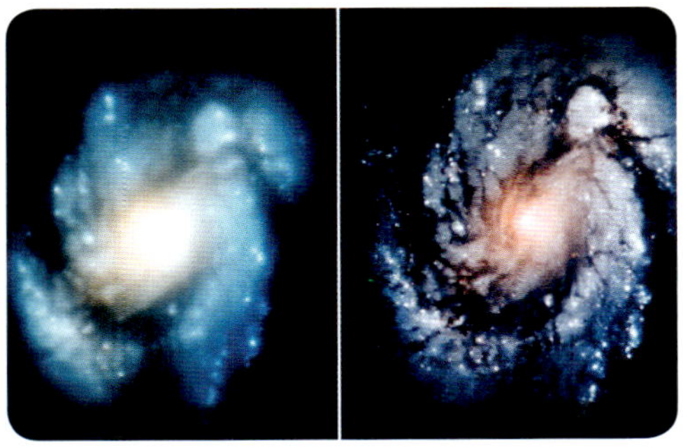

IMAGE FLOUE — APRÈS RÉPARATION

LE PREMIER TÉLESCOPE OPTIQUE SPATIAL DE L'HISTOIRE

FAITS ET CHIFFRES

Ce télescope spatial a été baptisé en l'honneur de l'astronome américain Edwin Hubble. Conçu pour être réparable dans l'espace, il a fait l'objet de cinq mises à niveau lors de missions spatiales d'entretien.

DIMENSIONS

Le télescope mesure 13,26 m de long pour un diamètre de 4,20 m.

ALTITUDE

Le télescope Hubble est en orbite terrestre à l'altitude de 547 km environ.

PÉRIODE ORBITALE

Le télescope spatial Hubble effectue un tour complet de la Terre en 95 minutes.

PROFUSION DE DONNÉES

Hubble nous envoie 120 gigaoctets de données et d'images par semaine : de quoi remplir 25 DVD.

UN ŒIL SUR L'UNIVERS

En 2018, le télescope spatial Hubble a réalisé cette remarquable image des nuages de gaz de la nébuleuse de la Lagune, située à plus de 4 000 années-lumière de la Terre dans la constellation du Sagittaire. Cette nébuleuse est si vaste et lumineuse qu'elle est même visible à l'œil nu dans le ciel nocturne.

CHANDRA

L'OBSERVATOIRE SPATIAL DU RAYONNEMENT X

Gravitant sur une orbite très elliptique très haut au-dessus de l'atmosphère terrestre – jusqu'à 240 fois plus élevée que celle du télescope spatial Hubble – le télescope Chandra détecte les rayons X émis par les objets les plus chauds dans l'espace. Il a permis aux scientifiques d'observer l'Univers, de mettre en lumière le comportement des étoiles mourantes et des galaxies en collision et même d'observer une galaxie supermassive absorbant une galaxie voisine. Sa mission initiale devait durer cinq ans mais, parce qu'il a fourni des détails sans précédents, elle a été prolongée. Pour l'heure, l'observatoire Chandra continue d'explorer l'Univers dans le rayonnement X invisible.

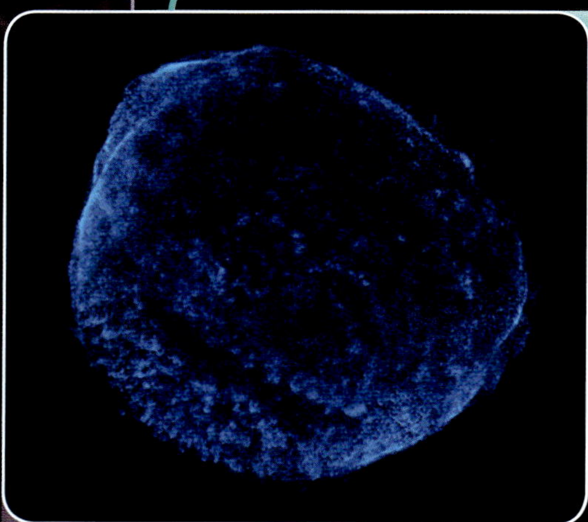

D'UN COUP D'ŒIL

- **TYPE DE TÉLESCOPE** Télescope spatial à rayonnement X
- **ORBITE** Effectue une révolution terrestre en 64 heures environ
- **DATE DE LANCEMENT** 23 juillet 1999
- **OPÉRATEUR** NASA et Smithsonian Astrophysical Observatory (SAO)

Image en rayons X obtenue par Chandra des vestiges d'une étoile ayant explosé il y a plus de 1 000 ans

FAITS ET CHIFFRES

Cet observatoire a été baptisé en l'honneur de l'astrophysicien américano-indien détenteur du prix Nobel Subrahmanyan Chandrasekhar. C'est l'un des quatre puissants télescopes spatiaux de la NASA conçus pour observer l'Univers à différentes longueurs d'onde.

TAILLE

Avec ses 13,80 m, Chandra est le plus long des télescopes spatiaux lancés à ce jour.

m 5 10 15

PUISSANCE

Chandra est 100 fois plus puissant que les précédents télescopes à rayons X.

MIROIRS SPÉCIAUX

Ses miroirs sont recouverts d'iridium et d'or pour améliorer leur réflexion.

FAIBLE CONSOMMATION

Recouvert d'un film protecteur, l'appareil abrite les instruments nécessaires au fonctionnement du télescope à rayons X, tandis que ses panneaux solaires l'alimentent en énergie. L'ensemble ne consomme pas plus d'électricité qu'un sèche-cheveux ordinaire.

UN ŒIL GÉANT

LE TÉLESCOPE SPATIAL JAMES WEBB

Avec pour projet l'étude des premières galaxies formées après le big bang, le télescope spatial James Webb, ou JWST, ira fouiller plus profondément dans l'espace qu'aucun autre observatoire avant lui. Son immense miroir primaire collectera sept fois plus de lumière que le télescope spatial Hubble. Il sera assez puissant pour détecter des sources d'émission infrarouge 400 fois plus faibles que n'importe quel autre télescope actuel. Or, plus on regarde loin dans l'espace, plus on remonte loin dans le temps. Le JWST offrira donc aux scientifiques une vision sans précédent sur l'histoire de l'Univers, leur permettant d'observer la formation des premières étoiles et planètes, ainsi que de rechercher de potentielles traces de vie extraterrestre.

D'UN COUP D'ŒIL

- **TYPE DE TÉLESCOPE** Télescope spatial à infrarouge
- **LANCÉ PAR** Lanceur Ariane 5 ECA
- **DATE DE LANCEMENT** Début des années 2020
- **OPÉRATEURS** NASA, ESA et Agence spatiale canadienne (CSA)

Le miroir primaire du JWST sera constitué de 18 segments hexagonaux.

FAITS ET CHIFFRES

Baptisé en l'honneur de James E. Webb, administrateur historique de la NASA, le JWST sera placé à un endroit de l'espace situé à 1,5 million de km de la Terre : presque quatre fois plus loin que la Lune.

DIAMÈTRE DU MIROIR

m — 5 — 10

Le miroir primaire du JWST fera 6,50 m de diamètre.

Celui du télescope spatial Hubble atteint seulement 2,40 m de diamètre.

POIDS

Le télescope spatial James Webb pèsera 6 200 kg.

TRAITEMENT À L'OR

Son miroir primaire sera recouvert d'or pour améliorer la réflexion de la lumière infrarouge.

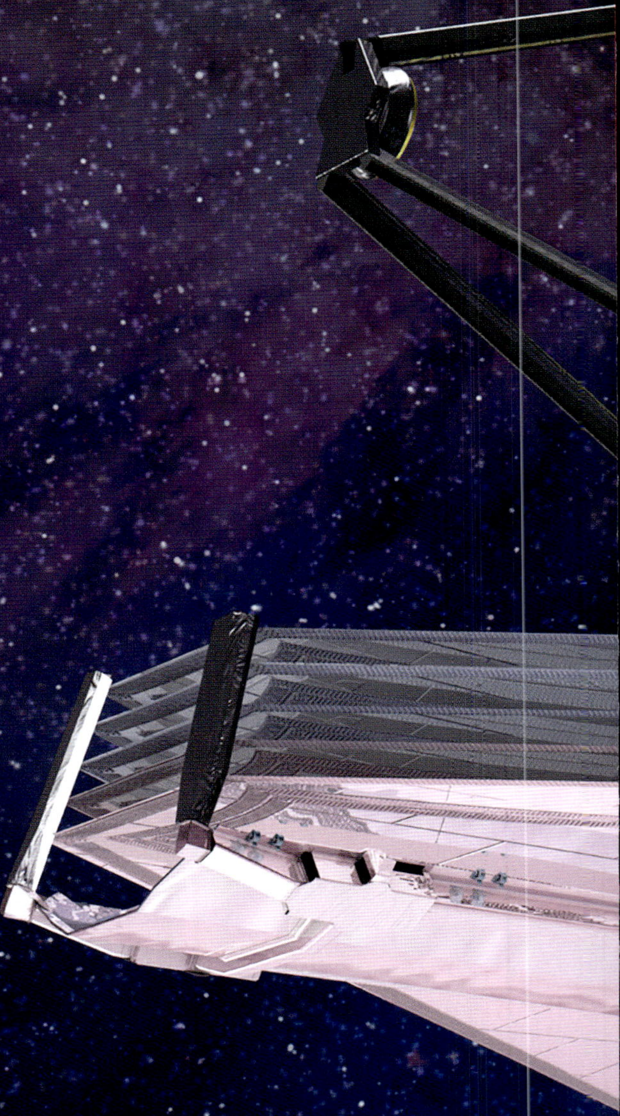

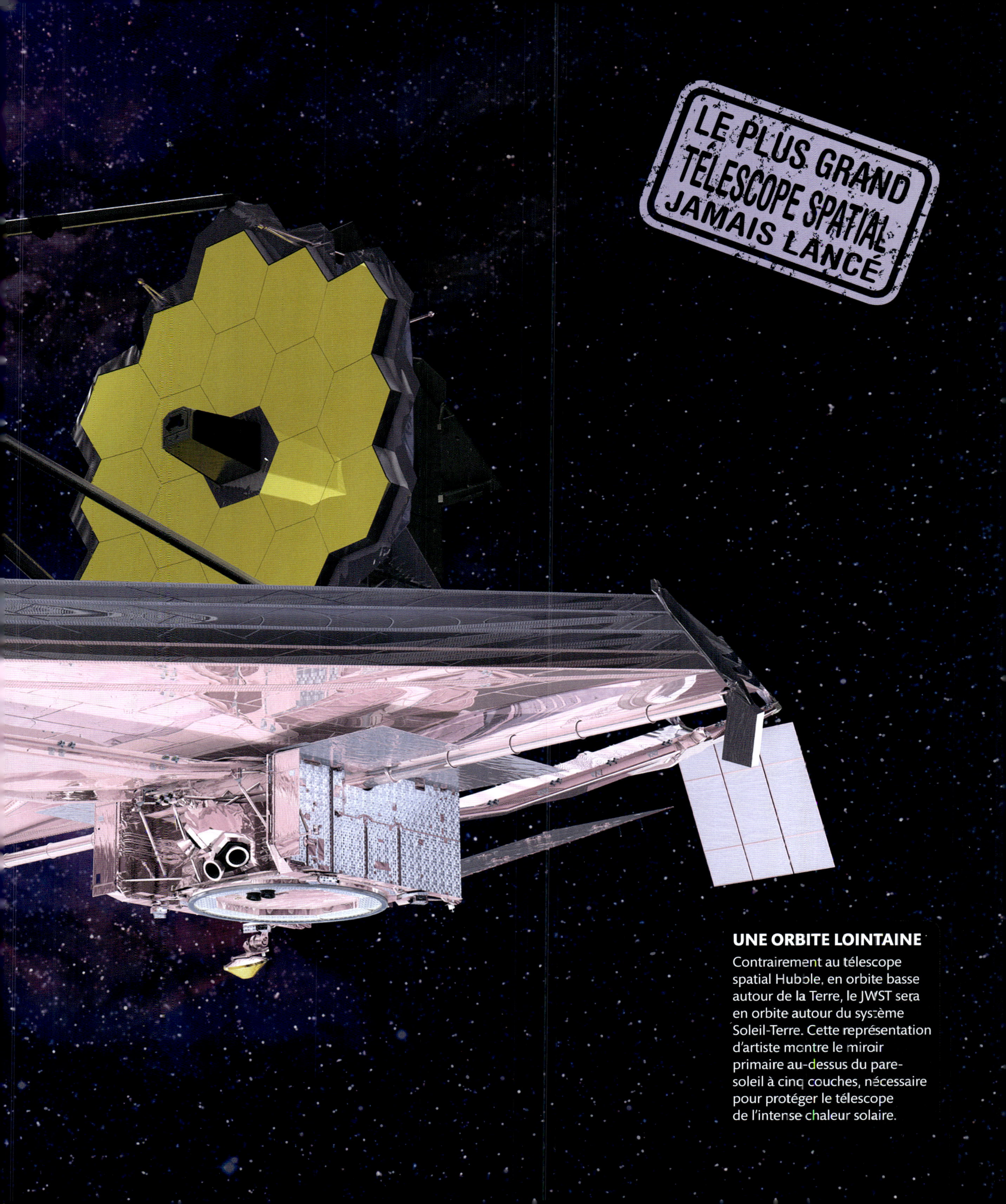

UNE ORBITE LOINTAINE

Contrairement au télescope spatial Hubble, en orbite basse autour de la Terre, le JWST sera en orbite autour du système Soleil-Terre. Cette représentation d'artiste montre le miroir primaire au-dessus du pare-soleil à cinq couches, nécessaire pour protéger le télescope de l'intense chaleur solaire.

L'EXPLORATION DE MERCURE

LA SONDE MESSENGER

Première mission vers Mercure depuis Mariner 10 en 1973, la sonde MESSENGER de la NASA a réalisé la cartographie de la planète avec un incroyable degré de précision. Lancée par les États-Unis en 2004, MESSENGER a atteint Mercure en 2011 et y a passé quatre années d'observation. Ses instruments embarqués ont photographié la presque totalité de sa surface, examiné les cratères remplis de glace du pôle Nord et étudié son noyau ferreux massif. Ses réserves de carburant épuisées, MESSENGER fut précipitée contre Mercure en 2015. L'impact a créé une nouvelle marque sur sa surface déjà constellée de cratères laissés depuis des milliards d'années par les chutes d'astéroïdes.

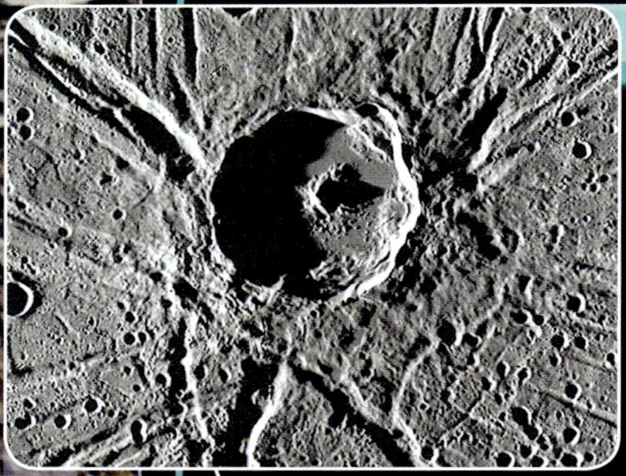

D'UN COUP D'ŒIL

- **TYPE DE SONDE** Orbiteur
- **DIMENSIONS** 1,80 m × 1,42 m × 1,27 m
- **DATE DE LANCEMENT** 3 août 2004
- **OPÉRATEUR** NASA

Photographié par MESSENGER, le cratère Apollodorus est situé à la jonction de plusieurs vallées.

FAITS ET CHIFFRES

Travaillant depuis son orbite, MESSENGER a envoyé les premières photos de cette planète rocheuse le 29 mars 2011. Au cours de sa mission, elle réalisa plus de 200 000 clichés et cartographia presque toute la surface de Mercure.

DISTANCE PARCOURUE

La sonde a parcouru 7,9 milliards de km pour atteindre Mercure en 2011.

EN ORBITE

MESSENGER a effectué 4 100 révolutions autour de Mercure.

DIMENSIONS PLANÉTAIRES

MESSENGER a permis de préciser que le diamètre de Mercure s'est réduit de 7 km depuis sa formation.

VITESSE

La vitesse moyenne de la sonde était de 147 625 km/h.

PROTECTION THERMIQUE

Vue d'artiste de MESSENGER en orbite autour de Mercure. Les instruments étaient enveloppés dans du film protecteur, et un vaste pare-soleil incurvé abritait la sonde des rayons directs du Soleil proche, qui produisent une température de 360 °C à la surface de la planète.

LA SONDE PARKER

UNE EXPLORATRICE AUX ABORDS DU SOLEIL

La sonde solaire Parker est partie pour briser des records. Non seulement il s'agit de l'engin spatial le plus rapide jamais construit à ce jour – à sa vitesse maximale, il lui suffirait de 30 secondes pour parcourir la distance entre Londres et New York –, mais elle va aussi s'approcher sept fois plus du Soleil que la précédente détentrice du record, à savoir Helios-B. Elle a pour programme l'exploration de la couronne solaire, partie externe de l'atmosphère de notre étoile, dans le but de mieux comprendre le vent solaire afin de prévoir ses variations d'émission dans l'espace autour de notre planète, qui sont susceptibles d'affecter les technologies spatiales et la vie sur Terre.

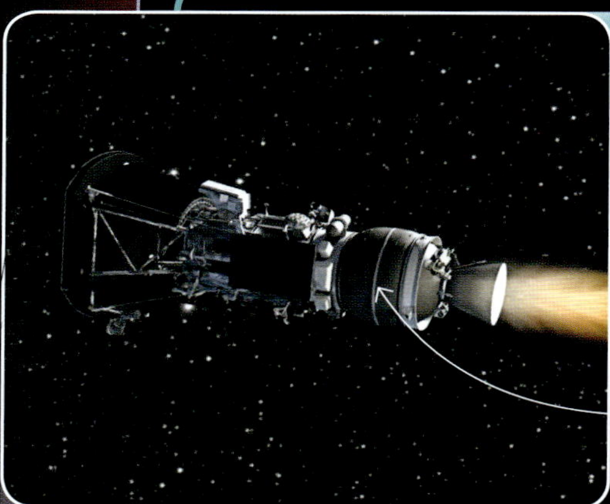

D'UN COUP D'ŒIL

- **TYPE DE SONDE** Orbiteur solaire
- **DATE DE LANCEMENT** 12 août 2018
- **SITE DE LANCEMENT** Cape Canaveral, États-Unis
- **OPÉRATEUR** NASA

Un troisième étage de fusée, largué peu après le lancement, a permis de donner à la sonde la vitesse nécessaire pour l'insérer dans une orbite proche du Soleil.

FAITS ET CHIFFRES

Entre 2018 et 2025, la sonde solaire Parker effectuera 24 révolutions autour du Soleil, chacune prenant environ 88 jours. Elle se trouvera au plus près de notre étoile en 2025.

TEMPÉRATURE

Les instruments de la sonde sont maintenus à une température de 29,5 °C.

°C 500 1 000 1 500

La température du bouclier thermique de la sonde atteint 1 400 °C.

VITESSE MAXIMALE

La sonde Parker atteindra la vitesse maximale de 692 000 km/h.

NOM

C'est la première sonde de la NASA portant le nom d'une personne vivante : l'astrophysicien Eugene Parker.

DE RUDES CONDITIONS

La sonde solaire Parker est protégée par un bouclier thermique en carbone épais de 11,5 cm, ou TPS (pour *Thermal Protection System*). Il permet aux instruments situés derrière de se maintenir assez froids pour fonctionner dans de bonnes conditions, tandis que le bouclier, lui, est brûlant.

LA SONDE
LA PLUS PROCHE
DU SOLEIL

LE PLUS GROS ROVER PLANÉTAIRE

UN SELFIE SUR MARS
Curiosity peut prendre des photos de lui-même comme celle-ci, grâce à une caméra au bout d'un long bras robotisé. Le rover dispose aussi d'une caméra montée sur un mât pour observer des roches jusqu'à 7 m de distance ou réaliser des vidéos du paysage martien.

UN EXPLORATEUR SUR MARS

LE ROVER CURIOSITY

Ce rover robotisé de la taille d'une voiture a posé ses roues en aluminium sur la planète rouge en 2012 dans le cadre de la mission *Mars Science Laboratory* lancée par la NASA. Bardé de dispositifs scientifiques sophistiqués, parmi lesquels une station météorologique, des caméras, des lasers ainsi qu'une foreuse de précision pour prélever de petits échantillons de roches martiennes afin de les analyser, Curiosity se déplace lentement à la surface de Mars. Il étudie le climat et le sol martiens à la recherche d'indices qui prouveraient l'existence d'une forme de vie, actuelle ou passée. Au cours de sa seule première année passée sur Mars, Curiosity nous a fait parvenir 36 700 photographies.

D'UN COUP D'ŒIL

- **TYPE DE VÉHICULE SPATIAL** Rover planétaire
- **LONGUEUR** 3 m
- **LANCEMENT** 26 novembre 2011 depuis Cap Canaveral, Floride, États-Unis
- **ATTERRISSAGE** 6 août 2012, cratère Gale, près de l'équateur martien

Trou de forage effectué par Curiosity

FAITS ET CHIFFRES

Le voyage Terre-Mars de Curiosity a pris près de 9 mois pour couvrir 500 millions de km environ. Sa séquence d'atterrissage complexe, jamais tentée jusque-là, impliquait un parachute, des fusées et une grue volante pour poser le rover en douceur sur ses roues.

LES CAMÉRAS

Curiosity est équipé de 17 caméras, dont certaines en couleurs réelles.

ATTERRISSAGE EN DOUCEUR

Le parachute de descente de Curiosity fut le plus grand jamais utilisé par la NASA.

VITESSE

La vitesse au sol de 30 m/h de Curiosity est relativement lente.

ALIMENTATION

Le rover est parti avec des réserves d'énergie suffisantes pour tenir 14 ans.

L'EXPLORATION DES ASTÉROÏDES

LA SONDE DAWN

La sonde Dawn de la NASA fut envoyée vers Vesta et Cérès, les deux corps les plus massifs de la ceinture d'astéroïdes. En 2011, elle devint le premier appareil en orbite autour d'un astéroïde – Vesta –, sur lequel elle découvrit de profonds canyons et une montagne deux fois plus haute que l'Everest. Elle confirma également que Vesta présentait une structure interne à plusieurs couches, comme la Terre. En 2015, Dawn atteignit Cérès, devenant la première sonde à visiter une planète naine. Sur la surface glacée de cette dernière, elle découvrit des dépôts minéraux salés et des indices qui pourraient indiquer la présence d'un océan sous la surface. Les données collectées permirent aux scientifiques d'approfondir leurs connaissances sur les débuts du Système solaire.

D'UN COUP D'ŒIL

- **TYPE DE SONDE** Orbiteur
- **TAILLE** 20 m d'envergure, panneaux solaires compris
- **DATE DE LANCEMENT** 27 septembre 2007
- **OPÉRATEUR** NASA

Cette photo d'Ahuna Mons, la seule montagne de Cérès, a été réalisée par Dawn.

FAITS ET CHIFFRES

Dawn parcourut la distance de 2,8 milliards de km pour atteindre Vesta, puis à nouveau 1,5 milliard de km pour rejoindre Cérès, le plus gros objet de la ceinture d'astéroïdes mais la plus petite planète naine reconnue dans le Système solaire.

ACCÉLÉRATION

La poussée très douce du moteur ionique de Dawn l'accélérait de 97 km/h en 4 jours.

SUR VESTA

En orbite autour de Vesta, Dawn a réalisé environ 31 000 photographies.

VOYAGE VERS CÉRÈS

Dawn a mis 2,5 années depuis Vesta pour rejoindre Cérès.

PROPULSEURS SPATIAUX

Un moteur ionique utilise beaucoup moins de carburant que les fusées conventionnelles.

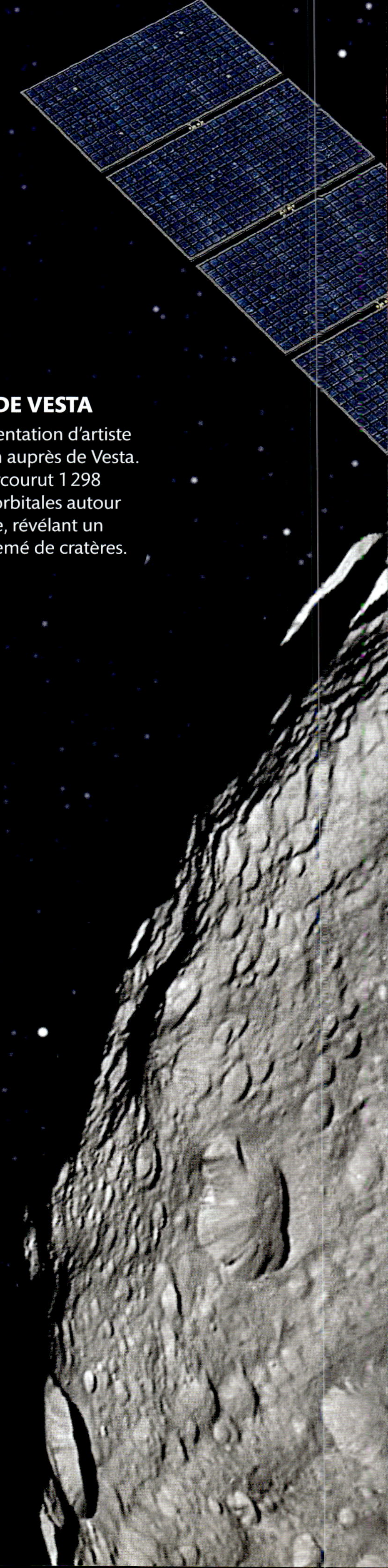

AUTOUR DE VESTA

Cette représentation d'artiste illustre Dawn auprès de Vesta. La sonde parcourut 1 298 révolutions orbitales autour de l'astéroïde, révélant un monde parsemé de cratères.

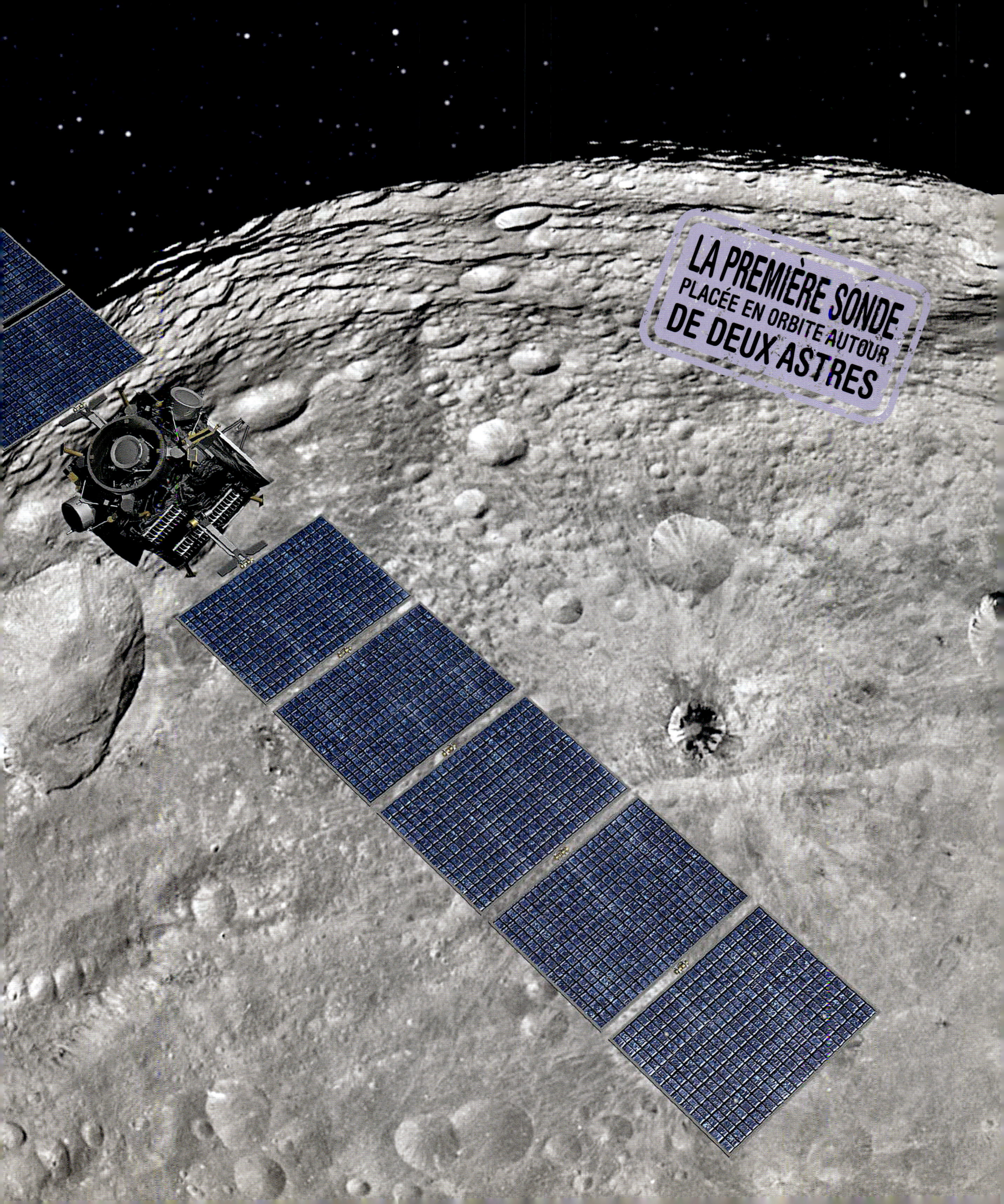
LA PREMIÈRE SONDE
PLACÉE EN ORBITE AUTOUR
DE DEUX ASTRES

SUR LA COMÈTE

Pour approfondir l'étude, Rosetta largua l'atterrisseur Philae vers la surface accidentée de la comète 67P. Après un atterrissage mouvementé, la sonde effectua des analyses durant deux jours à l'aide de dix instruments embarqués, comprenant notamment un radar, des analyseurs chimiques et une foreuse pour collecter des échantillons du noyau cométaire.

DES CHASSEUSES DE COMÈTES

ROSETTA ET PHILAE

Des comètes croisent par milliards dans les confins les plus reculés du Système solaire, mais parvenir à en rattraper une est assez difficile. C'est pourtant ce que fit la sonde Rosetta en 2014 lorsque, au terme d'un voyage de dix ans et de 6,4 milliards de km, elle atteignit la comète 67P lors de son passage près du Soleil, et se plaça en orbite autour d'elle : une première ! Ses caméras et instruments embarqués cartographièrent la surface de ce bloc de glace de 4 km de diamètre. Rosetta largua également un petit atterrisseur, Philae, qui alla se poser sur la comète – une autre première ! Les données collectées au cours de la mission ont donné aux scientifiques une meilleure connaissance de la structure des comètes et de la formation du Système solaire.

D'UN COUP D'ŒIL

- **TYPE DE SONDE** Orbiteur (Rosetta) et atterrisseur (Philae)
- **DATE DE LANCEMENT** 2 mars 2004
- **FIN DE MISSION** 30 septembre 2016
- **OPÉRATEUR** Agence spatiale européenne (ESA)

Cette photo réalisée par Rosetta montre la comète 67P émettant des jets de gaz et de poussières sous l'effet de la chaleur du Soleil.

FAITS ET CHIFFRES

Au départ de sa mission, Rosetta se déplaçait trop lentement pour rejoindre sa cible, mais elle acquit de la vitesse en utilisant l'assistance gravitationnelle des planètes situées sur sa route, parvenant à une vitesse de plus de 135 000 km/h.

ASSISTÉE PAR LA GRAVITÉ

Pour acquérir de la vitesse, Rosetta dut faire trois survols de la Terre et un survol de Mars.

DURÉE

La mission Rosetta-Philae a duré 12 ans, 6 mois et 28 jours.

ÉNERGIE SOLAIRE

L'envergure des panneaux solaires était supérieure à la longueur d'un terrain de basket.

ASTÉROÏDES

Sur son trajet vers la comète 67P, Rosetta survola deux astéroïdes, collectant des données sur eux.

À LA DÉCOUVERTE DE JUPITER

LA SONDE JUNO

La sonde Juno de la NASA a fait son entrée dans le livre des records en 2016 en devenant à la fois la plus rapide et celle ayant parcouru le plus de distance de toutes les sondes alimentées par l'énergie solaire. Elle a parcouru 2,7 milliards de km depuis la Terre pour rejoindre Jupiter. Sa mission vise à préciser comment la géante gazeuse s'est formée, à étudier sa gravité, son champ magnétique et sa turbulente atmosphère. Jupiter étant très éloignée du Soleil, les panneaux solaires de Juno et ses systèmes électroniques doivent être d'une grande efficacité pour compenser la faiblesse du rayonnement solaire. Placée sur une orbite qui l'amène très près de la planète, la sonde est stabilisée par rotation sur elle-même, ce qui facilite la mise en œuvre des instruments embarqués.

D'UN COUP D'ŒIL

- **TYPE DE SONDE** Orbiteur
- **DATE DE LANCEMENT** 5 août 2011
- **FIN DE MISSION** 2021
- **PÉRIODE ORBITALE** 53 jours autour de Jupiter

Cette image fournie par Juno montre le pôle Sud de Jupiter et sa surprenante couleur bleu-vert.

FAITS ET CHIFFRES

Juno est la première sonde exploratrice de planète externe alimentée par des panneaux solaires. Les autres disposaient jusque-là de sources d'énergie radioactives. Elle est équipée de neuf instruments scientifiques collecteurs de données.

VITESSE

Juno s'est insérée dans son orbite autour de Jupiter à la vitesse de 210 000 km/h.

TAILLE

La taille de la sonde équivaut à peu près à celle d'un terrain de basket.

ANNEAUX

Juno a fourni les premières images détaillées des anneaux de Jupiter.

LE NOM DE JUNO

Dans la mythologie romaine, Juno était l'épouse de Jupiter, la fille de Saturne et la mère de Mars.

LA PLUS ÉLOIGNÉE DES SONDES ALIMENTÉES PAR L'ÉNERGIE SOLAIRE

RENDEMENT ÉLECTRIQUE

Les trois volées de panneaux solaires de Juno délivrent ensemble environ 500 watts, ce qui est suffisant pour faire voler la sonde et alimenter ses instruments. À l'extrémité d'une des volées se trouve le magnétomètre, qui mesure le champ magnétique.

LA PREMIÈRE SONDE EN ORBITE AUTOUR DE SATURNE

UNE MISSION MAJEURE

CASSINI-HUYGENS

En 2004, la sonde Cassini s'inséra dans une division des anneaux de Saturne, devenant la première sonde en orbite autour de cette planète. Pesant 5 712 kg au lancement, il s'agissait de la sonde la plus lourde jamais construite. Cassini effectua 294 révolutions autour de la géante gazeuse, étudiant la planète et ses anneaux. Sur Titan, plus grosse lune de Saturne, elle releva la présence de lacs d'éthane et de méthane liquides, et découvrit six nouvelles lunes. En décembre 2004, l'atterrisseur Huygens se sépara de l'orbiteur Cassini pour aller se poser sur Titan, où il découvrit certaines similarités avec la Terre. À cours de carburant, la mission s'acheva en 2017, et la sonde Cassini fut précipitée dans l'atmosphère de Saturne.

D'UN COUP D'ŒIL

- **TYPE DE SONDE** Orbiteur (Cassini) et atterrisseur (Huygens)
- **LONGUEUR DE LA SONDE** 6,80 m
- **DATE DE LANCEMENT** 15 octobre 1997
- **DURÉE DE LA MISSION** 19 ans et 335 jours

Cette représentation d'artiste montre l'atterrisseur Huygens descendant en parachute vers la surface de Titan.

FAITS ET CHIFFRES

Les sondes ont reçu le nom des astronomes du XVIIe siècle Giovanni Cassini, qui découvrit 4 lunes de Saturne et une division majeure de ses anneaux, et Christian Huygens, qui précisa la nature des anneaux et découvrit Titan.

SURVOLS

Cassini effectua au total 162 survols des lunes de Saturne.

DONNÉES

La mission a produit environ 635 gigaoctets de données scientifiques.

DISTANCE PARCOURUE

La sonde Cassini a parcouru un total de 7,8 milliards de km au cours de sa mission.

IMAGES

Cassini a réalisé un total de 453 048 images au cours de sa mission.

FIN DE MISSION

Avant d'achever sa mission, la sonde Cassini effectua une série de 22 descentes pour fournir aux scientifiques de spectaculaires photos de près des anneaux de Saturne.

À LA DÉCOUVERTE DE NEPTUNE

Cette vision d'artiste montre Voyager 2 s'approchant de Neptune, la planète la plus lointaine de notre Système solaire. Pour alimenter en électricité les instruments qui ont déjà servi à la découverte des anneaux et lunes de la planète ainsi qu'à celle de ses tempêtes, les plus puissantes du Système solaire, la sonde est pourvue de générateurs nucléaires.

UNE MISSION MARATHON

VOYAGER 2

Les sondes jumelles Voyager 1 et 2 ont parcouru plus de distance dans l'espace que tout autre appareil fabriqué par l'homme à ce jour. La NASA les a lancées en 1977 dans le but d'étudier les planètes les plus distantes du Système solaire. C'est Voyager 1 qui a couvert la plus grande distance à ce jour, mais Voyager 2 est la seule des deux à être allée étudier de près les quatre planètes géantes gazeuses. Elle a survolé Jupiter en 1979, Saturne en 1981, Uranus en 1986 et enfin Neptune en 1989 après avoir parcouru plus de 7 milliards de km. Voyager 2 a réalisé des photos détaillées de ces planètes et de leurs lunes. Les deux sondes sont maintenant entrées dans l'espace interstellaire, nous fournissant des données sur ces régions inexplorées, avec assez d'énergie pour fonctionner encore jusque vers 2025.

D'UN COUP D'ŒIL

- **TYPE DE SONDE** Mission de survol
- **DATE DE LANCEMENT** 20 août 1977
- **SITE DE LANCEMENT** Cap Canaveral, Floride, États-Unis
- **DURÉE DE LA MISSION** Conçue à l'origine pour durer 5 ans, la mission est toujours en cours en 2019.

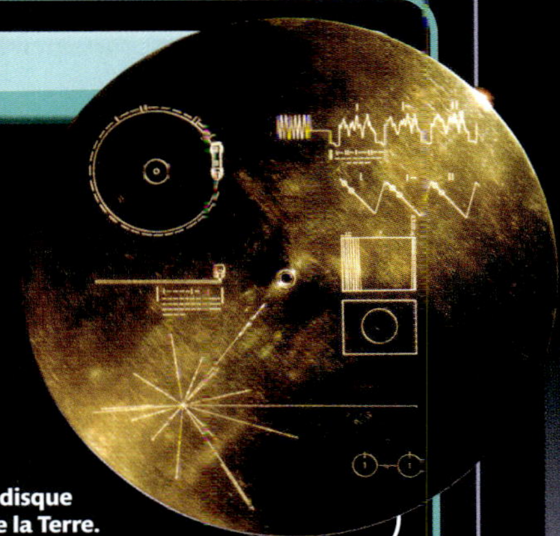

Les deux missions transportent chacune un disque de cuivre sur lequel est gravé un message de la Terre.

FAITS ET CHIFFRES

Gravés sur les deux disques des sondes Voyager figurent des images, des sons, des musiques de la Terre, et des salutations en 55 langues différentes. Les dessins sur les disques montrent à toute éventuelle forme de vie extraterrestre comment lire les enregistrements.

TRANSMISSIONS

Voyager 2 est si éloignée que les signaux qu'elle émet mettent plus de 16 heures à atteindre la Terre.

En comparaison, les signaux de Curiosity sur Mars mettent environ 20 minutes à nous parvenir.

TEMPÊTE

En 1989, Voyager 2 a découvert la Grande tache sombre de Neptune, tempête de la taille de la Terre.

GEYSERS

Voyager 2 a découvert des geysers sur Triton, une lune de Neptune.

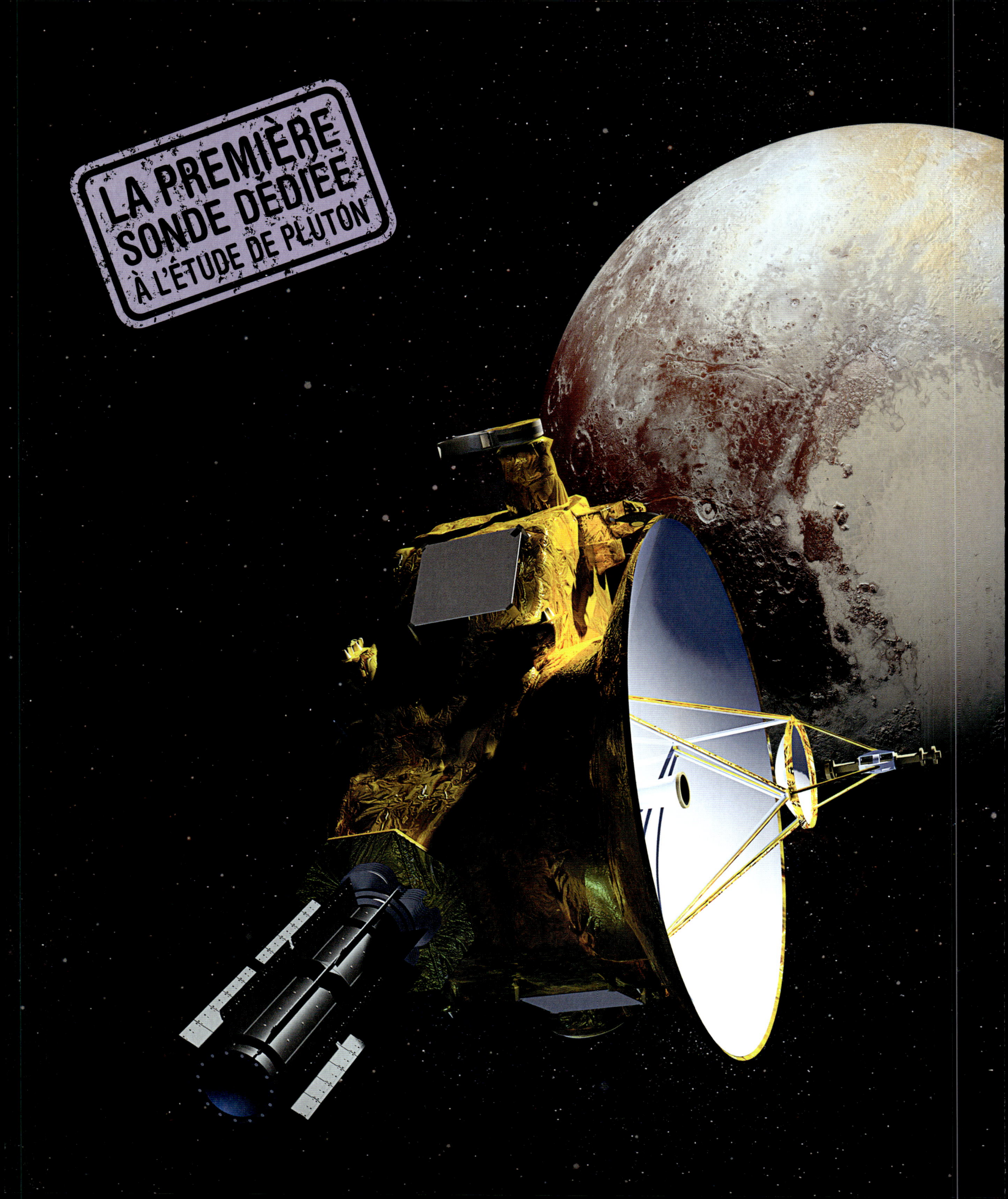
LA PREMIÈRE
SONDE DÉDIÉE
À L'ÉTUDE DE PLUTON

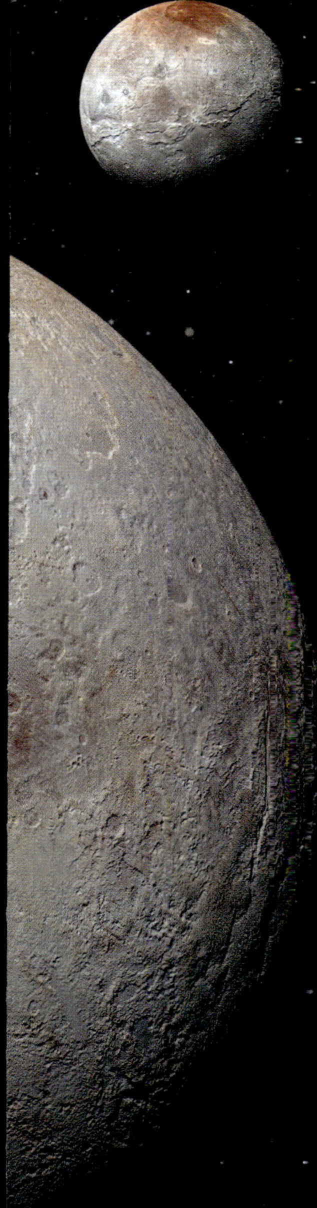

EXPLORATRICE AU LONG COURS

NEW HORIZONS

En 2006, la sonde New Horizons de la NASA quitta la Terre pour entreprendre la première mission vers la planète naine Pluton. Ultrarapide, elle doubla la Lune au bout de seulement neuf heures de vol et survola Jupiter un an plus tard. Mais bien que 60 fois plus rapide qu'un avion de ligne, il lui fallut près de dix ans pour atteindre les confins de notre Système solaire. En 2015, New Horizons survola enfin Pluton, faisant parvenir à la Terre des photos révélant sa spectaculaire surface couverte de montagnes glacées, de volcans, de canyons et de glaciers. Après Pluton, elle poursuivit sa route vers un objet de la ceinture de Kuiper – 2014 MU_{69}, surnommé Ultima Thulé – l'objet le plus distant jamais visité par une sonde, qu'elle a atteint et photographié le 1er janvier 2019.

D'UN COUP D'ŒIL

- **TYPE DE SONDE** Mission de survol
- **DATE DE LANCEMENT** 19 janvier 2006
- **ARRIVÉE** Près de Pluton : 14 juillet 2015 ; près de 2014 MU_{69} : 1er janvier 2019
- **OPÉRATEUR** NASA

New Horizons en cours d'assemblage

FAITS ET CHIFFRES

Lorsque la NASA lança New Horizons, Pluton était encore considérée comme la neuvième planète du Système solaire. Lorsqu'elle y parvint, Pluton avait été entre temps reclassée comme planète naine.

MICROPROCESSEUR

New Horizons utilise une puce présente dans la console de jeux PlayStation 1.

AU PLUS PRÈS

La sonde New Horizons s'est approchée jusqu'à 12 550 km de la surface de Pluton.

DISTANCES

Au-delà de Pluton, New Horizons parcourait 1,1 million de km d'espace par jour.

COMMUNICATIONS

Des antennes aux États-Unis, en Espagne et en Australie servent à communiquer avec la sonde.

PRÈS DE PLUTON

Cette représentation d'artiste montre New Horizons à l'approche de Pluton et de Charon, la plus grosse de ses lunes. Les instruments scientifiques et les caméras embarquées ont pris des photos et enregistré des données qui furent transmises à la Terre via la grande antenne parabolique de la sonde.

L'EXPLORATRICE D'ASTÉROÏDES

HAYABUSA 2

En 2018, un vaisseau spatial japonais transportant quatre sondes et une capsule de retour d'échantillons est parvenu près de 162173 Ryugu, un astéroïde proche de la Terre, au terme d'un voyage de 3,2 milliards de km. Au cours des 18 mois suivants, l'appareil doit déployer ses sondes – trois minuscules rovers et un atterrisseur – afin d'étudier l'objet sous tous ses angles, notamment en perçant sa surface pour accéder à la roche de l'intérieur. Des échantillons de l'astéroïde seront renvoyés vers la Terre dans la capsule qui doit nous revenir en décembre 2020. L'appareil aura alors parcouru plus de 5 milliards de km : l'équivalent de 35 voyages de la Terre au Soleil.

D'UN COUP D'ŒIL

- **TYPE DE SONDE** Orbiteur, rover, atterrisseur, retour d'échantillons
- **DATE DE LANCEMENT** 3 décembre 2014
- **SITE DE LANCEMENT** Centre spatial de Tanegashima, Japon
- **OPÉRATEUR** Agence d'exploration spatiale japonaise (JAXA)

Hayabusa 2 survolant l'astéroïde Ryugu

FAITS ET CHIFFRES

Hayabusa 2 fait suite à la mission Hayabusa de 2010 qui, malgré des problèmes techniques, était parvenue à rapporter sur Terre des échantillons de l'astéroïde Itokawa.

POIDS AU LANCEMENT
609 KG

ÉNERGIE SOLAIRE

Les deux panneaux solaires de Hayabusa 2 atteignent 4,20 m de long.

SONDES

Les sondes larguées par Hayabusa 2 sont parmi les plus légères jamais utilisées.

PROJECTILE EXPLOSIF

En 2019, un impacteur explosif doit creuser un cratère pour accéder au sous-sol.

AUTONOMIE DE BATTERIE

L'atterrisseur ne dispose que de 16 h d'électricité pour effectuer ses opérations.

SUR LA CIBLE

Hayabusa 2 est représentée ici près de Ryugu. Avec un diamètre d'environ 875 m, cet astéroïde à forte teneur en carbone présente à sa surface de vastes cratères et de gros rochers, ainsi qu'une ceinture de reliefs autour de son équateur.

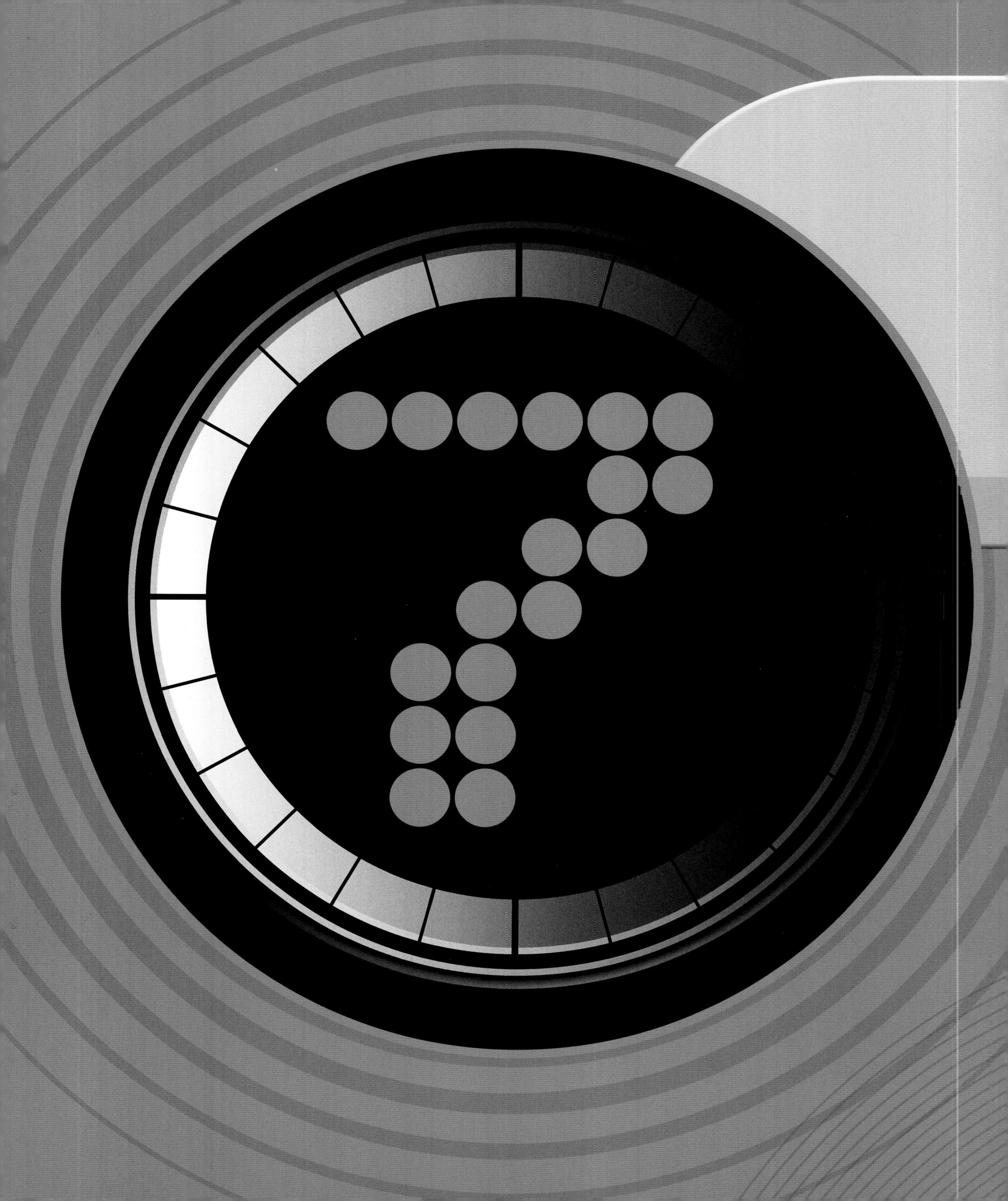
7

L'HOMME DANS L'ESPACE

Depuis 1961, plus de 500 personnes ont effectué des voyages spatiaux. Quittant la Terre dans des lanceurs propulsés par des moteurs-fusées, ces explorateurs intrépides ont été placés en orbite autour de la planète, ont vécu dans des stations spatiales ou ont même posé le pied sur la Lune. Leurs expériences ont repoussé les limites de l'ingéniosité et de l'endurance humaines.

VOSTOK 1

LE PREMIER VAISSEAU SPATIAL HABITÉ

L'histoire de l'homme dans l'espace a débuté en 1961 lorsque Youri Gagarine, un jeune cosmonaute soviétique de 27 ans, quitta pour la première fois la Terre à bord du petit vaisseau Vostok 1 pour aller se placer en orbite à 250 km d'altitude moyenne. Après avoir effectué un tour complet de la planète en 1 heure et 48 minutes, Gagarine revint sain et sauf sur Terre à bord du module de descente et atterrit en parachute dans un champ près de la ville soviétique de Saratov, démontrant ainsi que l'homme pouvait survivre au voyage spatial. Cinq autres vaisseaux Vostok suivirent cette mission historique.

D'UN COUP D'ŒIL

- **LANCEMENT** 12 avril 1961, du cosmodrome de Baïkonour, au Kazakhstan
- **DESTINATION** Placement en orbite terrestre
- **TAILLE** Module de descente : 2,30 m de diamètre ; module de service : 2,30 m de long
- **OPÉRATEUR** Programme spatial soviétique

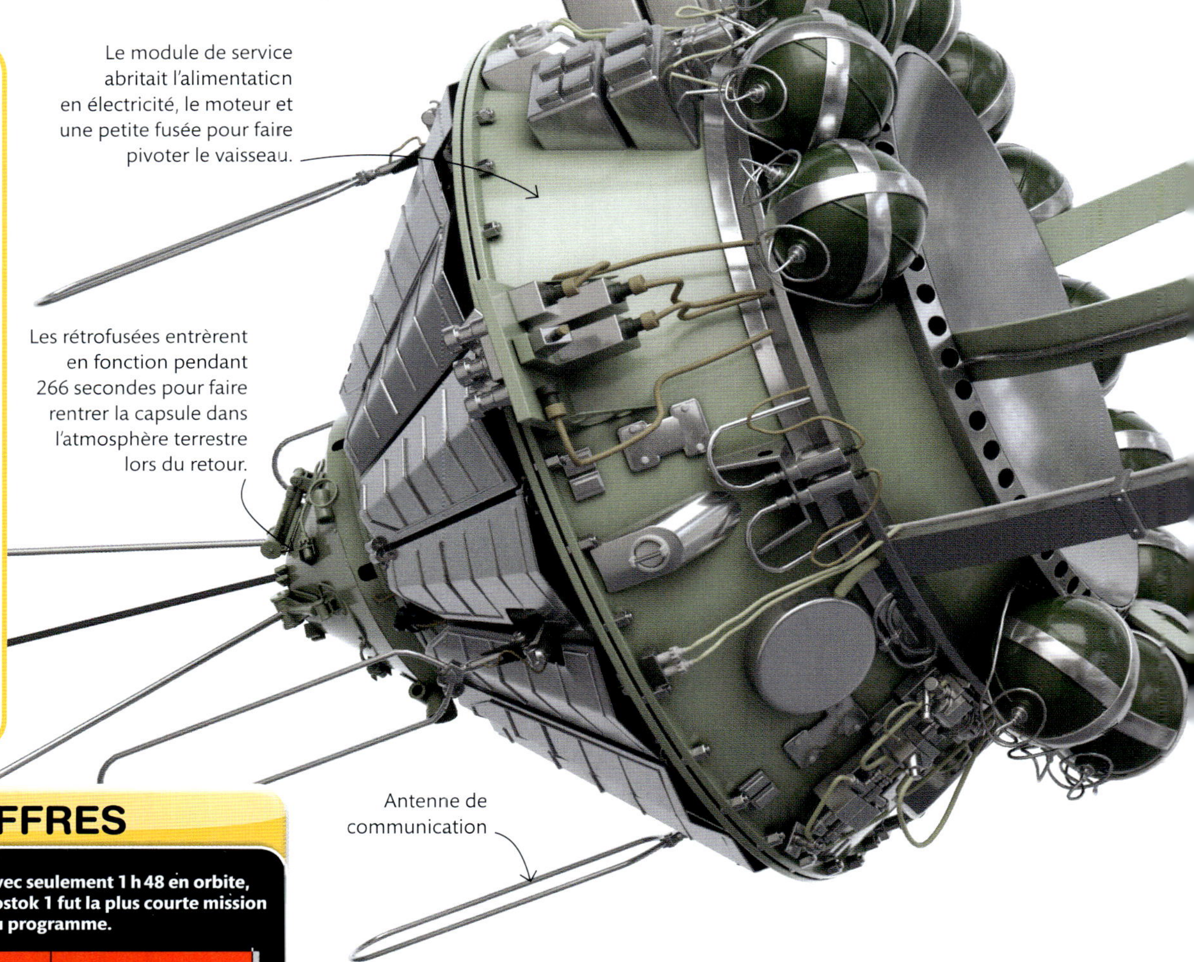

Le module de service abritait l'alimentation en électricité, le moteur et une petite fusée pour faire pivoter le vaisseau.

Les rétrofusées entrèrent en fonction pendant 266 secondes pour faire rentrer la capsule dans l'atmosphère terrestre lors du retour.

Antenne de communication

FAITS ET CHIFFRES

327 KM
ALTITUDE MAXIMALE ATTEINTE

Le programme Vostok a connu ses premiers essais en 1960, suscité par la curiosité scientifique et le désir de vaincre les États-Unis dans la course à l'espace.

DURÉE DE MISSION

Avec seulement 1 h 48 en orbite, Vostok 1 fut la plus courte mission du programme.

heures 60 120

Vostok 5 fut la mission la plus longue avec 119 heures.

LANCEUR

Vostok 1 fut emporté dans l'espace à bord d'un missile balistique converti en fusée.

SCAPHANDRE

Une manche du scaphandre portait un miroir pour voir tous les instruments.

La conception

Vostok 1 était constitué d'un module de service et d'un module de descente. Le module de service, en forme de cône et non habitable, abritait le moteur, les réservoirs d'air et de carburant. Le module de descente, sphérique, était occupé par Youri Gagarine. Celui-ci n'avait aucun contrôle sur le vaisseau : la mission était entièrement pilotée à distance depuis la Terre. Il avait seulement reçu des instructions pour prendre la main sur les systèmes de contrôle en cas d'urgence. Une fois la révolution orbitale effectuée, les ceintures métalliques tenant les deux modules assemblés furent déverrouillées afin de libérer le module de descente en vue de son retour sur Terre.

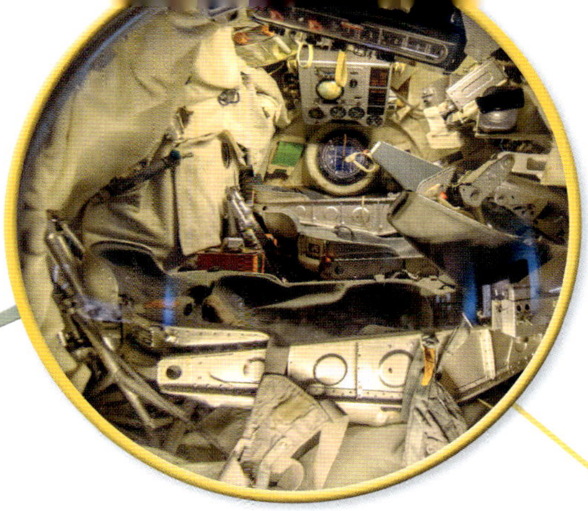

DANS LE MODULE DE DESCENTE

À l'exception du tableau des instruments, du siège éjectable massif et de Gagarine lui-même, il n'y avait aucune place libre pour quoi que ce soit d'autre dans le module de descente étriqué. Le cosmonaute resta sanglé sur son siège tout au long de la mission. Un petit hublot lui offrait la vue sur l'espace à l'extérieur.

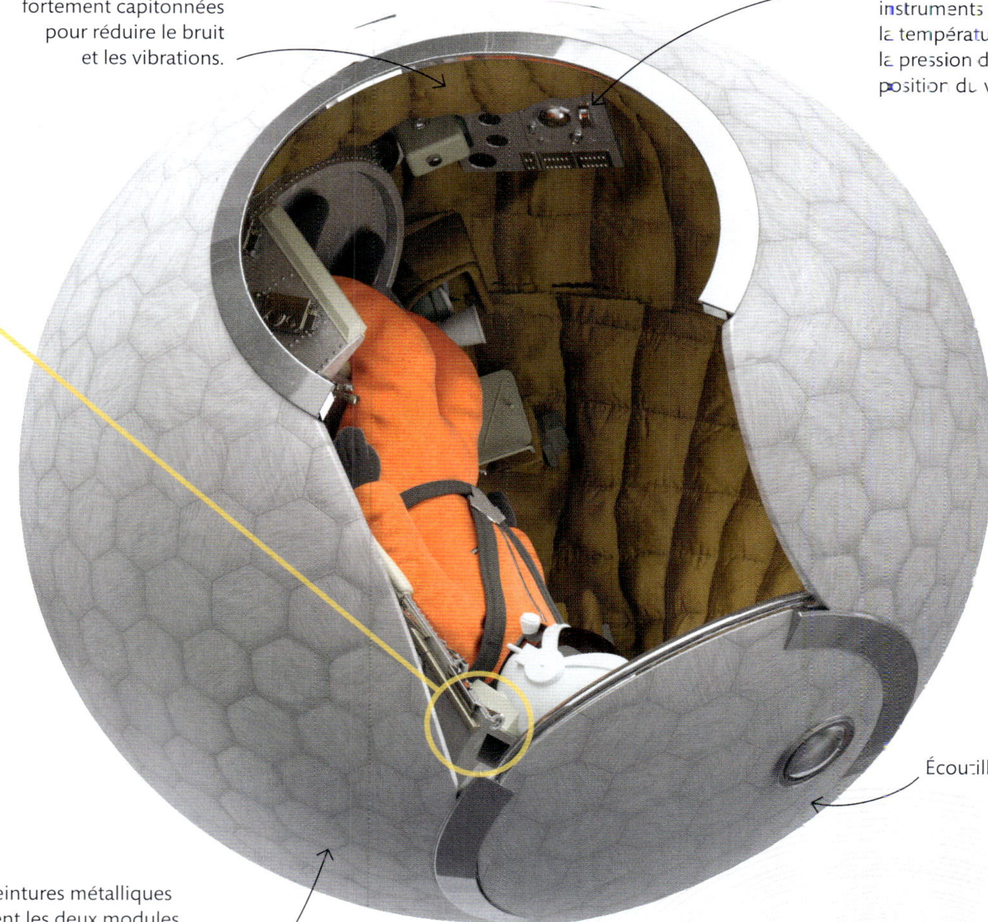

Les parois étaient fortement capitonnées pour réduire le bruit et les vibrations.

Le tableau des instruments affichait la température à bord, la pression de l'air et la position du vaisseau.

Écoutille éjectable

Ces ceintures métalliques tenaient les deux modules assemblés.

Le bouclier thermique protégeait le module de descente des températures atteignant 3 000 °C lors de la rentrée dans l'atmosphère.

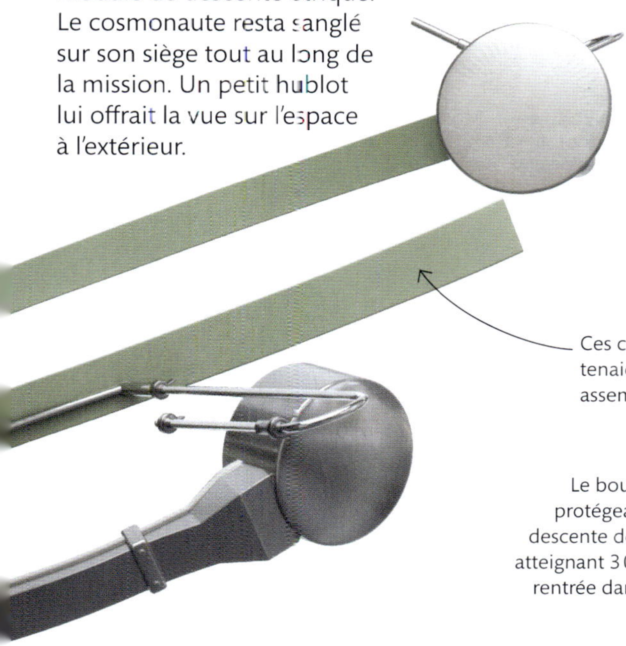

Une série de réservoirs contenant de l'azote et de l'oxygène permettaient de composer un air respirable à bord.

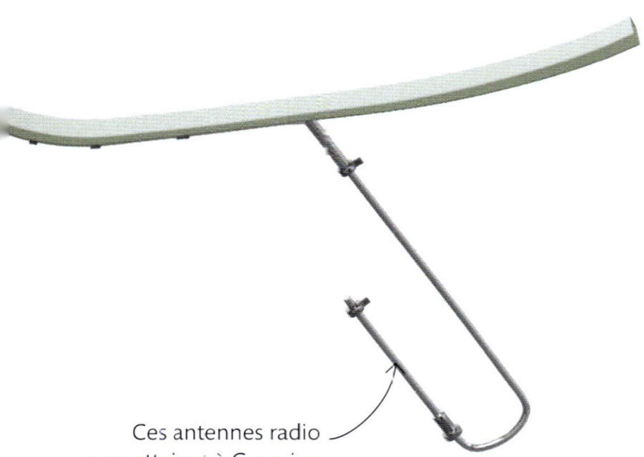

Ces antennes radio permettaient à Gagarine de communiquer avec le contrôle au sol.

LE RETOUR SUR TERRE

À environ 7 000 m d'altitude, l'écoutille du module de descente fut éjectée au moyen d'explosifs. Puis le siège éjectable fut actionné, expulsant l'astronaute de la capsule. Celui-ci termina sa descente en parachute.

LE PREMIER DANS L'ESPACE

Youri Gagarine était un pilote de l'armée de l'air soviétique entraîné comme cosmonaute. Il fut choisi parmi plus de 3 000 candidats pour voler à bord de Vostok 1.

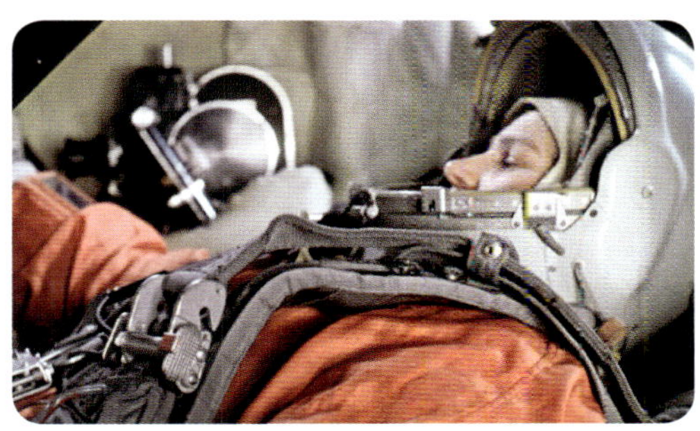

LA PREMIÈRE DANS L'ESPACE

En 1963, la parachutiste soviétique Valentina Tereshkova devint la première femme dans l'espace. Elle fit 48 tours de la Terre durant sa mission de trois jours à bord de Vostok 6.

UN MODÈLE DE LONGÉVITÉ

LE VAISSEAU SOYOUZ

Avec à son actif plus de 50 ans de service et plus de 140 missions, le véhicule spatial à trois modules Soyouz constitue le pilier du programme russe de vol spatial habité. En russe, son nom signifie « union », une dénomination tout à fait à propos compte tenu du fait que le vaisseau s'arrime régulièrement dans l'espace avec d'autres appareils de différentes origines. En effet, depuis le retrait du service de la navette spatiale de la NASA en 2011, il est le seul vaisseau capable de transporter les astronautes entre la Terre et la Station spatiale internationale.

Le module de service abrite les systèmes de contrôle, de communication et les réserves d'électricité : tout ce qui est nécessaire au bon déroulement des missions.

À la pointe du numérique

Le Soyouz MS, plus récent représentant de la famille Soyouz, a effectué son premier vol en 2016. Long de 7,48 m, il embarque une électronique et des ordinateurs de vol améliorés, ainsi que des panneaux solaires plus performants et une batterie supplémentaire.

Les panneaux solaires génèrent toute l'électricité et sont orientables pour les tourner vers le Soleil.

Voici l'une des antennes radar qui permettent de calculer les distances entre les appareils lorsque le vaisseau vient s'arrimer à d'autres dans l'espace.

D'UN COUP D'ŒIL

Soyouz MS-04 au pas de tir sur un lanceur Soyouz-FG.

- **PREMIÈRE MISSION SOYOUZ HABITÉE** 23 avril 1967
- **ÉQUIPAGE** Trois membres : un commandant, un copilote et un ingénieur de vol
- **OPÉRATEUR** Programme spatial soviétique, puis Roscosmos (agence spatiale fédérale russe)
- **EXPLOITS** Transport des astronautes entre la Terre et Saliout, Mir et aujourd'hui l'ISS. Placement en orbite autour de la Lune en 1968 et arrimage avec une capsule Apollo en 1975.

FAITS ET CHIFFRES

Quatre grandes générations et de multiples versions du vaisseau Soyouz se sont succédé depuis les débuts. Il s'agit du véhicule spatial le plus sûr et le moins coûteux pour transporter des astronautes.

ESPACE VITAL

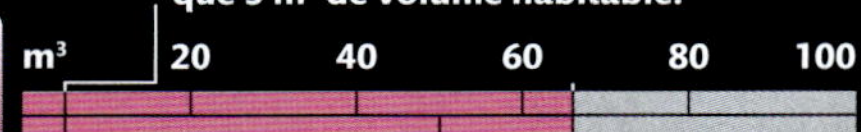

Le module orbital Soyouz n'offre que 5 m³ de volume habitable.

La navette spatiale de la NASA offrait 65,8 m³ de volume habitable.

TOUJOURS PRÉSENT

Depuis 2000, un vaisseau Soyouz au moins reste en permanence arrimé à l'ISS.

VERS LA LUNE

En 1968, un Soyouz a placé les premiers êtres vivants (deux tortues, des mouches, et des vers de farine) en orbite autour de la Lune.

VAISSEAU AYANT ABRITÉ LES PLUS LONGS VOLS HABITÉS

LE MODULE DE DESCENTE

La seule partie du véhicule Soyouz à revenir sur Terre est le module de descente. Il présente un diamètre de 2,20 m. Lors du lancement et de la rentrée dans l'atmosphère, les astronautes y sont sanglés dans des sièges moulés à leur morphologie. Un périscope leur permet de voir à l'extérieur lors des manœuvres, notamment pour les arrimages à d'autres vaisseaux.

LE MODULE ORBITAL

Il s'agit du principal espace de vie et de travail de l'équipage. De structure sphérique, il concentre de nombreux instruments, des caméras de TV, des armoires de rangement et des toilettes. Des écoutilles aux deux extrémités le relient au module de descente et au module d'arrimage de la station.

L'écoutille se trouve derrière le mécanisme d'arrimage. Elle s'ouvre une fois le Soyouz bien fixé, pour permettre les mouvements de l'équipage vers l'autre vaisseau.

Le mécanisme d'arrimage vient se fixer dans la baie d'arrimage de l'autre vaisseau.

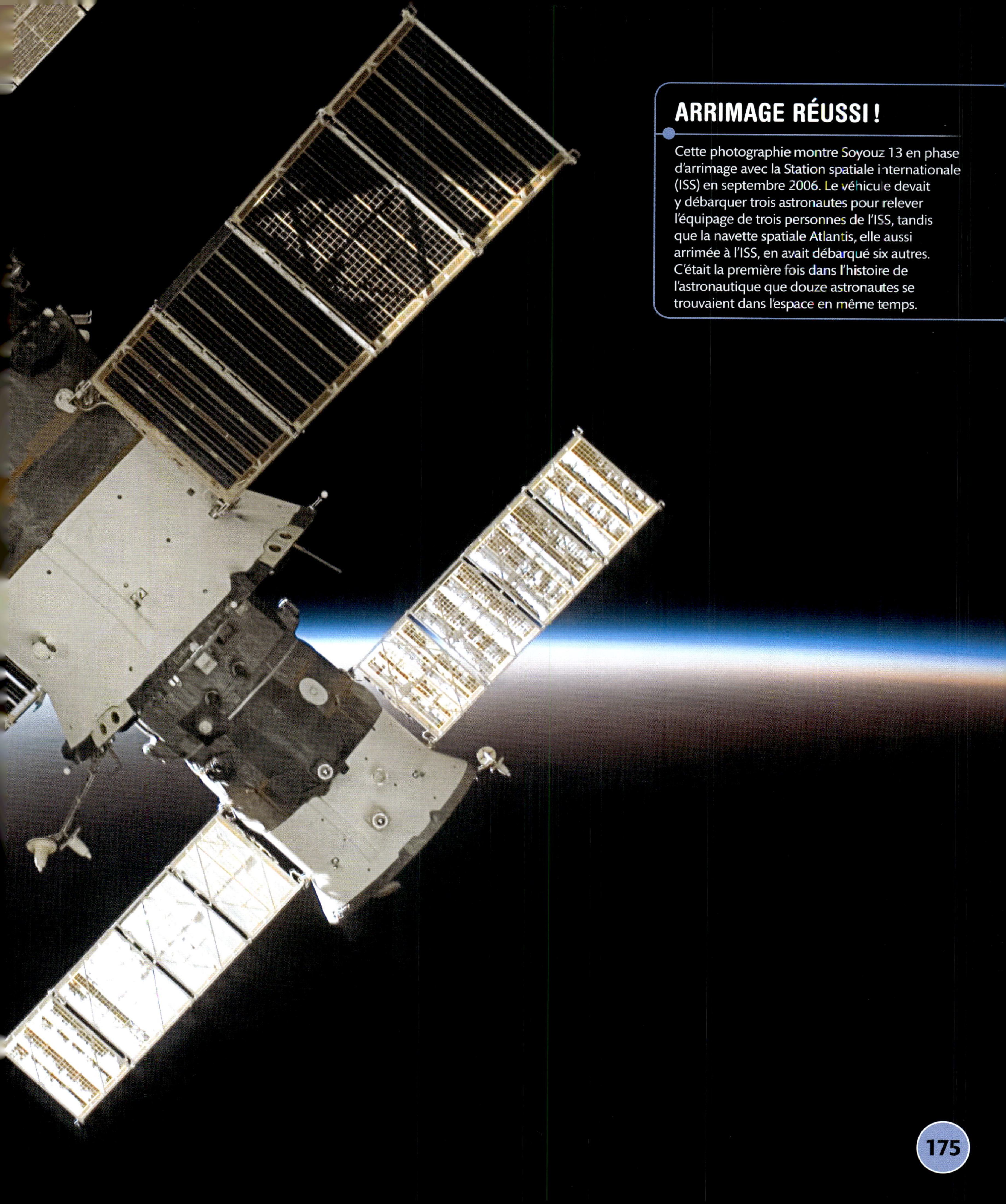

ARRIMAGE RÉUSSI !

Cette photographie montre Soyouz 13 en phase d'arrimage avec la Station spatiale internationale (ISS) en septembre 2006. Le véhicule devait y débarquer trois astronautes pour relever l'équipage de trois personnes de l'ISS, tandis que la navette spatiale Atlantis, elle aussi arrimée à l'ISS, en avait débarqué six autres. C'était la première fois dans l'histoire de l'astronautique que douze astronautes se trouvaient dans l'espace en même temps.

UN GROS LANCEUR

LA FUSÉE SATURN V

Lanceur le plus haut, le plus lourd et le plus puissant qui ait jamais volé, Saturn V atteignait la hauteur d'un bâtiment de 36 étages et pesait plus lourd que 35 navettes spatiales. Ce sont des fusées Saturn V qui, dans les années 1960-1970, arrachèrent à la gravitation terrestre les vaisseaux du programme Apollo, notamment la mission qui emporta le premier homme sur la Lune en 1969. Elles étaient constituées de trois étages de propulsion, chacun disposant de ses moteurs et de son carburant propres. Une fois ce carburant épuisé, chaque étage était largué tour à tour pour réduire le poids du véhicule. Le premier étage emportait celui-ci jusqu'à l'altitude de 60 km et à la vitesse de près de 10000 km/h. Le troisième étage était largué à 190 km d'altitude. Le vaisseau filait alors à 25000 km/h.

D'UN COUP D'ŒIL

- **TYPE DE VÉHICULE** Lanceur à trois étages
- **PREMIER LANCEMENT** 9 novembre 1967, vol d'essai Apollo 4 sans équipage
- **DERNIER LANCEMENT** 14 mai 1973, mise en orbite de la station spatiale Skylab
- **OPÉRATEUR** NASA

Lancement d'Apollo 11 – première mission emportant l'homme sur la Lune – en juillet 1969

FAITS ET CHIFFRES

Le programme Saturn V passa des plans initiaux au premier tir en seulement six ans, avec la participation de plus de 20000 sociétés. Au total, 15 fusées Saturn V furent construites.

NOMBRE DE LANCEMENTS
13

HAUTEUR

Avec 111 m de haut, Saturn V était plus haute que la statue de la Liberté.

m 60 120

POIDS

Saturn V pesait au total 2700 tonnes, pleins de carburants effectués.

tonnes 1000 2000 3000

La fusée soviétique Proton pesait 683 tonnes avec son carburant.

DES MOTEURS PUISSANTS

Le premier étage d'une fusée Saturn V est ici exposé au Johnson Space Center de la NASA. Ces cinq moteurs réunis développaient la puissance de 30 jumbo-jets. Ils brûlaient 1789 kg d'oxygène liquide et 788 kg de carburant par seconde et fonctionnaient pendant 2 minutes et 30 secondes.

L'HOMME SUR LA LUNE

LA MISSION APOLLO 11

L'astronaute américain Neil Armstrong écrivit une page d'histoire le 21 juillet 1969 en devenant le premier homme à marcher sur la Lune, après l'alunissage réussi du module lunaire d'Apollo 11. C'était l'aboutissement d'une course à l'espace de huit années entre les États-Unis et l'Union soviétique, les deux superpuissances mondiales. D'autres missions suivirent : 12 astronautes au total ont posé le pied sur la Lune au cours du programme Apollo de la NASA.

UNE CONCEPTION MODULAIRE

Le vaisseau Apollo était composé de trois modules. Le module lunaire, prévu pour deux personnes, emporta Armstrong et Aldrin sur la Lune et se sépara en deux étages, un seul servant pour la remontée. Le troisième astronaute, Michael Collins, resta quant à lui à bord du module de service et de commande, en orbite à 100 km d'altitude et servant de relais de communication avec la Terre.

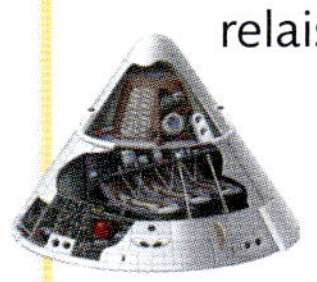

LE MODULE DE COMMANDE
Les astronautes commençaient et achevaient leur mission dans cette capsule, conique, la seule partie du vaisseau Apollo conçue pour revenir sur Terre. Après sa rentrée dans l'atmosphère, elle tombait en parachute dans l'océan.

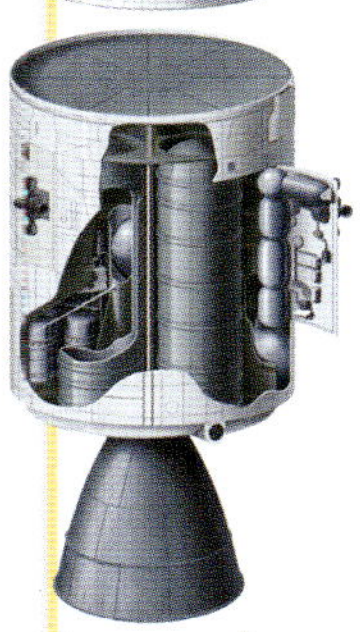

LE MODULE DE SERVICE
Relié au module de commande durant la majeure partie de la mission, ce module alimentait le vaisseau en oxygène, en eau et en électricité, et disposait d'un puissant moteur. Il se séparait peu avant la rentrée dans l'atmosphère terrestre, dans laquelle il brûlait.

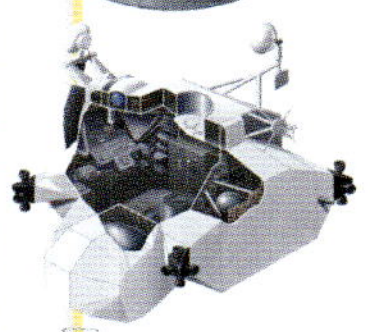

MODULE LUNAIRE, ÉTAGE DE REMONTÉE
Les astronautes se tenaient debout dans la cabine durant le vol. Pour quitter la Lune, cet étage se séparait de l'étage de descente, qui lui servait de base de lancement.

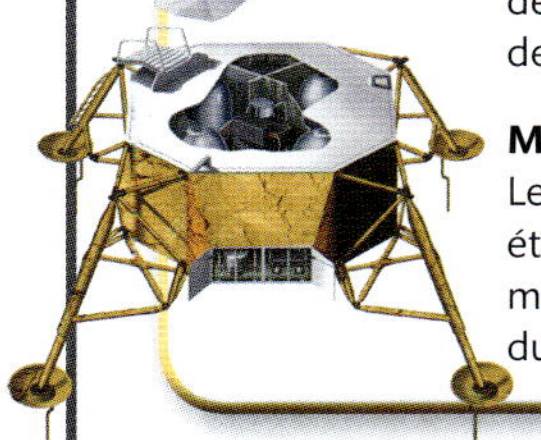

MODULE LUNAIRE, ÉTAGE DE DESCENTE
Les trois quarts du poids de ce module étaient occupés par le carburant d'un gros moteur-fusée qui contrôlait la descente du vaisseau sur la surface lunaire.

LES PREMIERS HOMMES SUR LA LUNE

Neil Armstrong posa le premier le pied sur la Lune, suivi 19 minutes plus tard par Edwin « Buzz » Aldrin (ci-dessous). Durant plus de 21 heures, les deux astronautes plantèrent le drapeau américain, collectèrent des échantillons, prirent des photos et dormirent à bord du module lunaire.

FAITS ET CHIFFRES

Le module lunaire d'Apollo 11 commença son parcours avec 8200 kg de carburant dans les réservoirs de l'étage de descente. Lors de l'alunissage, il lui restait moins d'une minute d'autonomie de vol.

DURÉE
La mission Apollo 11 vers la Lune dura au total 8 jours, 3 heures et 18,6 minutes.

PUISSANCE INFORMATIQUE
L'ordinateur de bord d'Apollo 11 avait moins de puissance de calcul qu'un téléphone portable moderne.

PROPULSION
Le module lunaire était dirigé dans l'espace par 16 petits moteurs à réaction, disposés en 4 groupes.

RÉPARATION DE FORTUNE
Un contacteur de moteur brisé fut remplacé par un stylo en métal avant le décollage de l'étage de remontée.

Le module lunaire

Le module lunaire d'Apollo 11, baptisé *Eagle*, est représenté ici entouré d'instruments scientifiques déployés par les deux astronautes américains. Il s'était posé sur une vaste plaine lunaire au sol sombre : la mer de la Tranquillité. Seule la moitié supérieure de l'appareil redécolla pour venir rejoindre le module de service et de commande resté en orbite lorsque les astronautes quittèrent la Lune. La moitié inférieure s'y trouve toujours aujourd'hui.

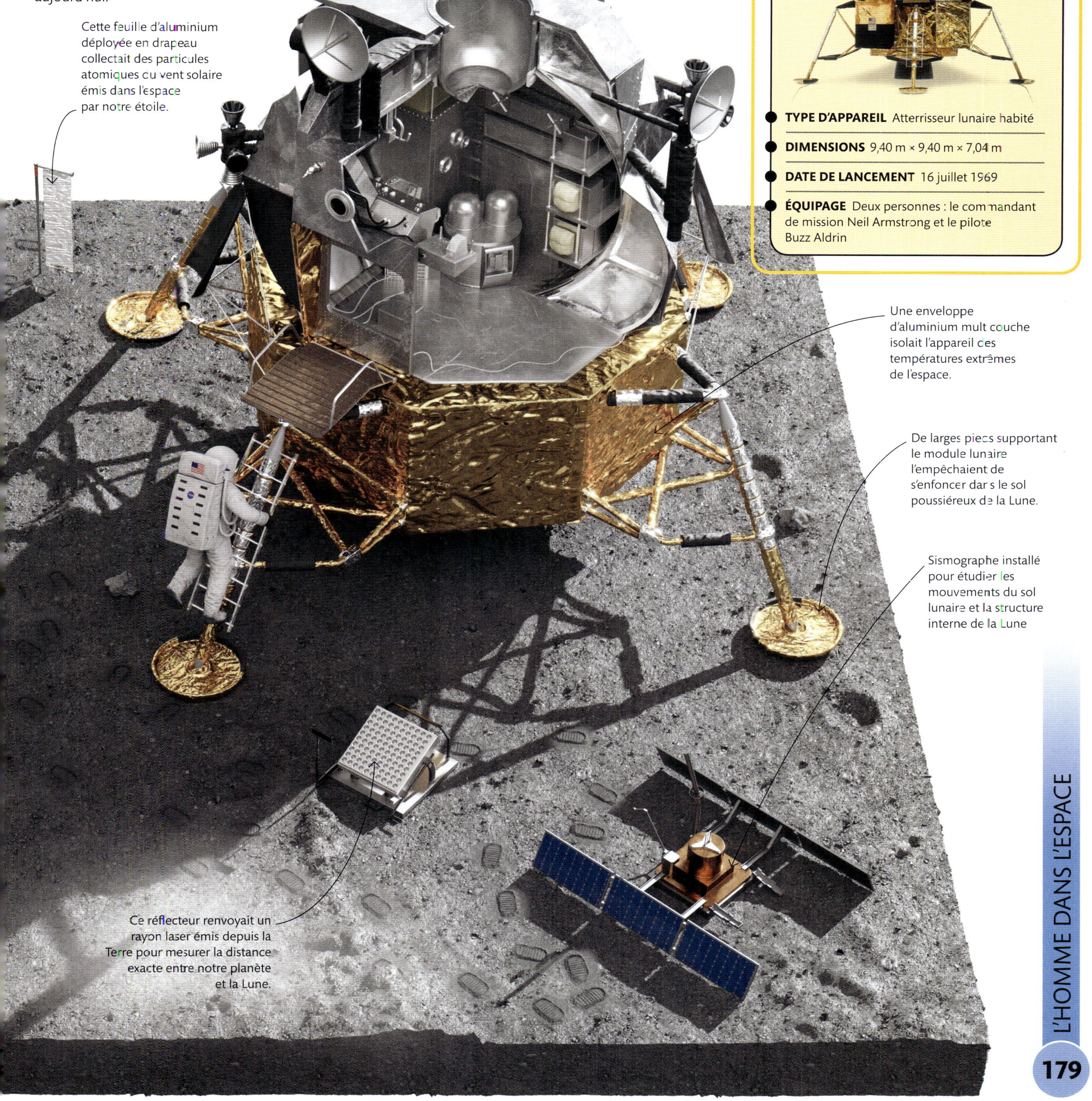

Cette écoutille permettait aux astronautes de circuler entre le module lunaire et le module de commande lorsque ceux-ci étaient arrimés.

Cette feuille d'aluminium déployée en drapeau collectait des particules atomiques du vent solaire émis dans l'espace par notre étoile.

Une enveloppe d'aluminium multicouche isolait l'appareil des températures extrêmes de l'espace.

De larges pieds supportant le module lunaire l'empêchaient de s'enfoncer dans le sol poussiéreux de la Lune.

Sismographe installé pour étudier les mouvements du sol lunaire et la structure interne de la Lune

Ce réflecteur renvoyait un rayon laser émis depuis la Terre pour mesurer la distance exacte entre notre planète et la Lune.

D'UN COUP D'ŒIL

- **TYPE D'APPAREIL** Atterrisseur lunaire habité
- **DIMENSIONS** 9,40 m × 9,40 m × 7,04 m
- **DATE DE LANCEMENT** 16 juillet 1969
- **ÉQUIPAGE** Deux personnes : le commandant de mission Neil Armstrong et le pilote Buzz Aldrin

PROMENADE LUNAIRE

Les astronautes de la NASA Neil Armstrong et Edwin « Buzz » Aldrin sont entrés dans l'Histoire en devenant les premiers hommes à marcher sur la Lune. Au cours de leur mission, ils passèrent plus de deux heures sur la surface lunaire à déployer des instruments scientifiques et à collecter des échantillons de roches. Sur cette photo prise par Armstrong (dont on voit l'ombre), Aldrin se tient devant le module lunaire d'Apollo 11.

LE CARGO DE L'ESPACE

Cette photo, prise depuis la Station spatiale internationale en juillet 2006, montre Discovery en approche en vue de s'arrimer à la station pour une mission de 12 jours. Les portes ouvertes de la soute révèlent le conteneur cylindrique renfermant des provisions et de l'équipement.

LA NAVETTE AYANT EFFECTUÉ LE PLUS DE VOLS

UN VAISSEAU RÉUTILISABLE

LA NAVETTE SPATIALE DISCOVERY

Avec 39 missions à son actif, Discovery aura plus servi qu'aucune autre de ses sœurs de la flotte réutilisable de la NASA. Lancée à la verticale au moyen de fusées à boosters géants, elle se plaçait en orbite autour de la Terre à des vitesses pouvant atteindre 28 000 km/h pour des séjours durant jusqu'à deux semaines, avant de redescendre sur ses ailes vers la planète et s'y poser comme un avion. Au cours des 365 jours qu'elle a passés au total dans l'espace, Discovery a parcouru une distance équivalant à 620 voyages Terre-Lune. Parmi ses missions figurent le lancement du télescope spatial Hubble, une visite à la station spatiale Mir et la participation à la construction de la Station spatiale internationale.

D'UN COUP D'ŒIL

- **TYPE DE VAISSEAU** Orbiteur
- **PREMIER VOL** 30 août 1984
- **DERNIER VOL** 24 février 2011
- **OPÉRATEUR** NASA

Discovery véhiculée par un avion porteur de la NASA vers le Kennedy Space Center, en Floride, aux États-Unis

FAITS ET CHIFFRES

Discovery était l'une des cinq navettes spatiales de la NASA ; les quatre autres étaient Columbia, Challenger, Atlantis et Endeavour. Lors de ses missions, elle emportait un équipage pouvant compter jusqu'à 7 personnes pour une durée de 5 à 16 jours.

HONNEUR AUX DAMES
En 1995, elle fut le premier engin spatial américain piloté par une femme : Eileen Collins.

CAPACITÉ DE TRANSPORT
De la taille d'un autobus, sa soute pouvait transporter jusqu'à 25 tonnes de chargement.

RÉVOLUTIONS
Durant ses 27 ans de service, Discovery aura effectué 5 830 fois le tour de la Terre.

TUILES DE PROTECTION
Plus de 23 000 tuiles protégeaient de l'échauffement la navette lors des retours sur Terre.

UNE MINI-NAVETTE

Ce petit vaisseau spatial réutilisable, nommé Dream Chaser – « Chasseur de rêve » –, est prévu pour ravitailler la Station spatiale internationale à partir de la fin 2020. Il mesure environ un quart de la longueur des anciennes navettes. Ses ailes remontantes sont conçues pour être pliées lors du lancement, à la verticale, au sommet d'un lanceur Atlas V de la NASA. Elles seront déployées pour le retour sur Terre, afin de permettre à l'appareil de planer et de se poser comme un avion.

UN LABORATOIRE ORBITAL

LA STATION SPATIALE INTERNATIONALE

En orbite à quelque 400 km au-dessus de la Terre, la Station spatiale internationale (ou ISS) est le projet spatial le plus complexe mené à ce jour et la plus grosse structure construite par l'homme dans l'espace Elle accueille un équipage permanent de six astronautes qui y effectuent des missions de plusieurs mois. Ceux-ci y sont acheminés par vaisseau spatial pour y effectuer de la construction, de la maintenance et des expériences dans et hors de la station.

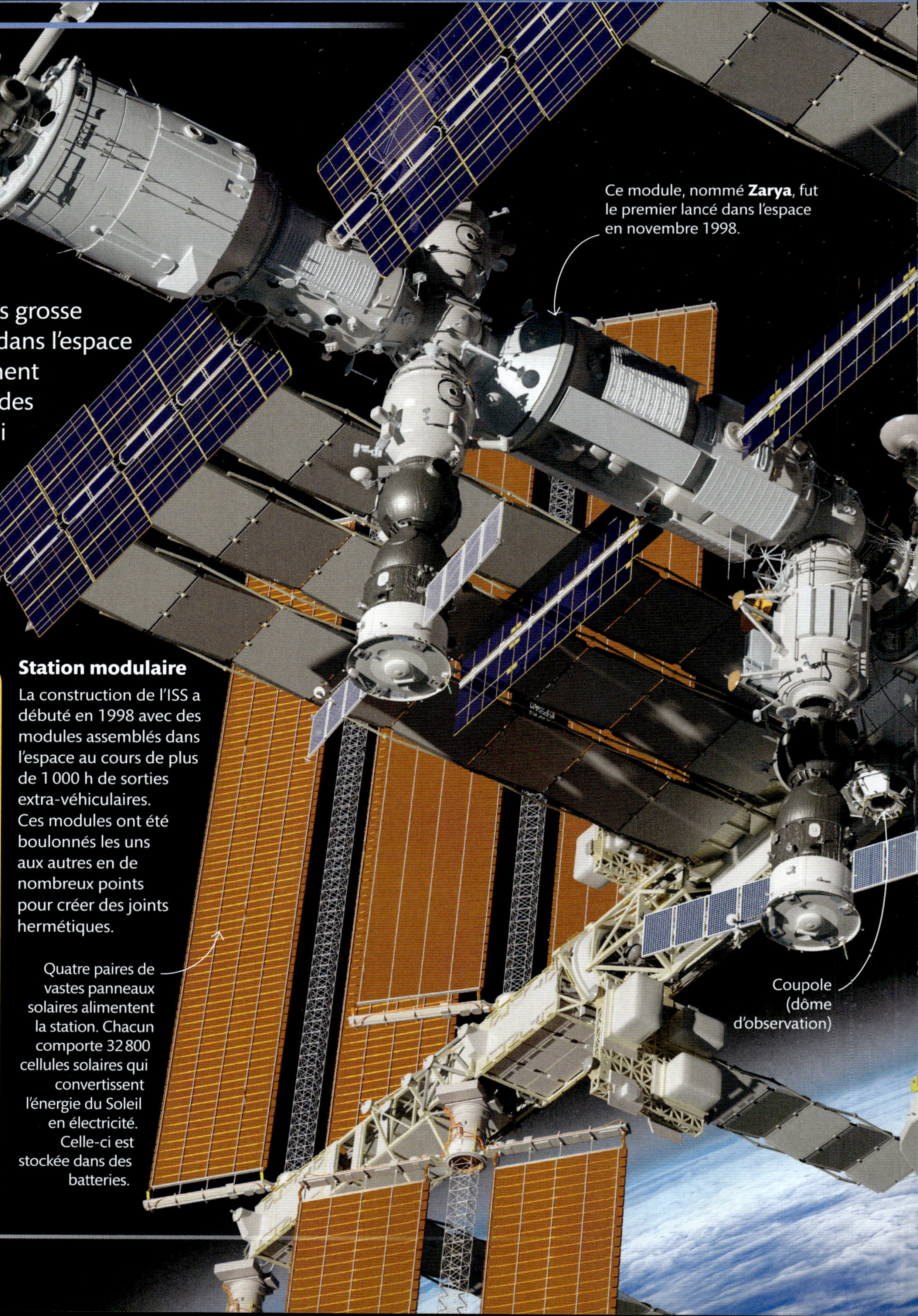

Station modulaire

La construction de l'ISS a débuté en 1998 avec des modules assemblés dans l'espace au cours de plus de 1 000 h de sorties extra-véhiculaires. Ces modules ont été boulonnés les uns aux autres en de nombreux points pour créer des joints hermétiques.

D'UN COUP D'ŒIL

- **CONSTRUCTION** Premier module lancé le 20 novembre 1998 ; dernier module prévu pour 2019
- **PREMIER ÉQUIPAGE** 2 novembre 2000 ; Bill Shepherd (États-Unis), Yuri Gidzenko et Sergei Krikalev (Russie)
- **DURÉE DE LA MISSION** En cours
- **OPÉRATEURS** NASA (États-Unis), Roscosmos (Russie), ESA (Europe), JAXA (Japon), CSA (Canada)

LE BRAS CANADIEN 2

Fixé sur l'ISS en 2001, ce long bras robotisé de construction canadienne comporte sept articulations motorisées permettant de déplacer de l'équipement dans toutes les directions. Il peut porter un astronaute en sortie extra-véhiculaire et déplacer des charges pesant jusqu'à 116 tonnes. Il est aussi appelé le Canadarm 2.

La colonne vertébrale de l'ISS est cette poutrelle centrale treillissée à laquelle sont rattachés tous les modules.

Ce module, le laboratoire **Destiny**, est le principal centre scientifique de la NASA. Offrant aux chercheurs des conditions expérimentales inexistantes sur Terre, il permet de conduire des recherches dans de nombreux domaines tels que la médecine et l'ingénierie.

LE MODULE COLUMBUS

Construit par l'Agence spatiale européenne en 2008, ce laboratoire sert à étudier les effets de l'impesanteur sur les animaux et les plantes ainsi que sur le corps humain.

Columbus

Le laboratoire expérimental japonais **Kibo** est occupé en permanence par quatre astronautes. Il dispose d'une petite chambre externe pour permettre de réaliser des expériences dans le vide spatial, hors de la station.

FAITS ET CHIFFRES

L'ISS est véritablement une réalisation internationale. Les agences spatiales d'Europe, des États-Unis, de Russie, du Canada et du Japon se sont associées pour la construire et la faire fonctionner. À la fin 2018, des astronautes de 18 pays y avaient déjà séjourné.

GROS MODULE

Avec 11,20 m de long, Kibo est le plus gros module de l'ISS.

m 5 10 15

RÉVOLUTIONS

En septembre 2018, l'ISS avait déjà accompli plus de 113 000 tours de la Terre.

SÉJOURS RECORDS

Les astronautes Scott Kelly et Mikhail Kornienko ont passé 340 jours dans l'ISS.

SCIENCE DANS L'ESPACE

Les astronautes conduisent des expériences à bord de la Station spatiale internationale pour savoir comment des séjours prolongés en impesanteur affectent le corps humain. L'astronaute américaine Karen Nyberg est photographiée ici à l'intérieur du module Destiny en train d'effectuer un examen sur elle-même. Il s'agit, dans le cas présent, de déterminer les effets sur la vision de la vie dans l'espace.

ÉQUIPEMENT DE SURVIE
LE SCAPHANDRE EMU

Pour permettre aux astronautes des sorties hors de leur vaisseau, le scaphandre doit fournir une protection contre les dangers qui règnent dans l'espace : absence d'air, températures extrêmes, rayonnement solaire, impacts de micrométéorites. Le scaphandre EMU de la NASA est une combinaison multicouche extrêmement résistante bénéficiant des technologies les plus avancées. Il constitue une enceinte pressurisée alimentée en oxygène, en eau et en énergie hors de laquelle l'homme ne pourrait survivre dans le vide spatial.

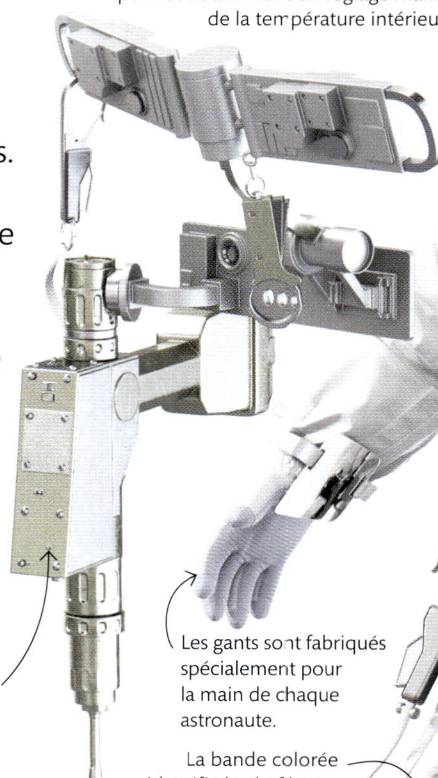

D'UN COUP D'ŒIL

- **MISE EN SERVICE** 1998 (version actuelle). La version originale de l'EMU a été mise en service en 1981.
- **TYPE D'ÉQUIPEMENT** Scaphandre spatial pressurisé pour activités extra-véhiculaires (EVA) hors du vaisseau.
- **POIDS** Environ 145 kg
- **AUTONOMIE** 8 heures, avec une réserve d'urgence supplémentaire de 30 minutes

UNE PROTECTION MULTICOUCHE

L'enveloppe externe ultrarésistante de la combinaison est étanche, à l'épreuve du feu, et résiste à l'abrasion, aux impacts et à la déchirure. Elle recouvre sept couches d'un film aluminisé assurant l'isolation thermique. Suit une couche anti-micrométéorites imprégnée de néoprène qui absorbe les impacts. En dessous, une vessie hermétique régule la pression interne.

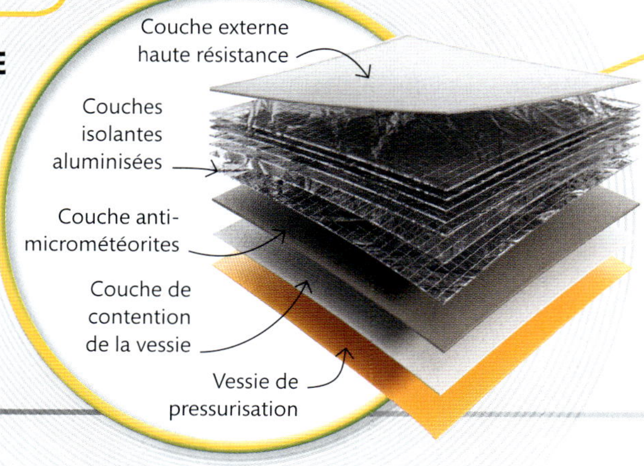

Casqué et botté

Le corps du scaphandre est complété par un casque, des gants, des bottes et une alimentation en air. Il faut une heure pour endosser l'ensemble. Le haut est vissé dans le pantalon pour obtenir une fermeture hermétique. L'oxygène respiré par l'astronaute circule dans toute l'enceinte. Le casque comporte des éclairages ; sa visière plaquée d'or protège contre les rayons dangereux du Soleil.

FAITS ET CHIFFRES

En 2001, les astronautes James Voss et Susan Helms ont effectué, grâce à leur combinaison EMU, la plus longue sortie dans l'espace de l'histoire astronautique. Ils restèrent près de neuf heures en activité extra-véhiculaire pour la construction de l'ISS.

REFROIDISSEMENT

L'eau de refroidissement de l'EMU circule à travers plus de 91 m de tubulure.

HYDRATATION

Une réserve d'eau permet à l'astronaute de boire par une paille dans le casque.

CHAUFFAGE

Les gants sont chauffants pour protéger les doigts par froid extrême.

COÛT ET DURABILITÉ

Un EMU coûte 12 millions de dollars américains et sert jusqu'à 25 fois.

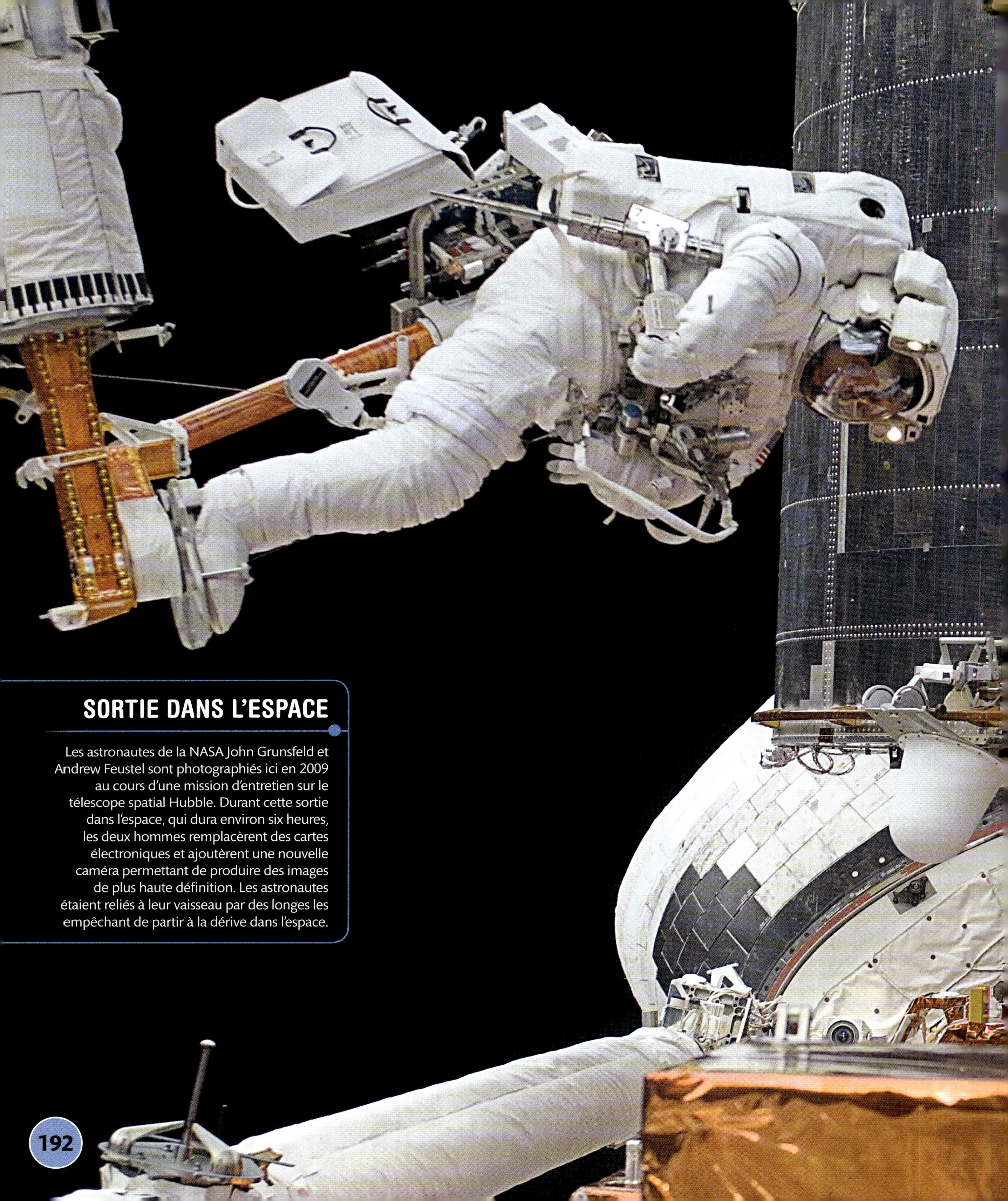

SORTIE DANS L'ESPACE

Les astronautes de la NASA John Grunsfeld et Andrew Feustel sont photographiés ici en 2009 au cours d'une mission d'entretien sur le télescope spatial Hubble. Durant cette sortie dans l'espace, qui dura environ six heures, les deux hommes remplacèrent des cartes électroniques et ajoutèrent une nouvelle caméra permettant de produire des images de plus haute définition. Les astronautes étaient reliés à leur vaisseau par des longes les empêchant de partir à la dérive dans l'espace.

LES CHINOIS DANS L'ESPACE

LE PROGRAMME SHENZHOU

À la fin du xxe siècle, seuls les États-Unis et la Russie construisaient des vaisseaux capables d'emporter l'homme dans l'espace. C'est de cette manière qu'au début du xxie siècle, la Chine choisit de s'imposer à son tour parmi les nations spatiales, avec le développement de son programme Shenzhou, dont les capsules dérivent de la technologie soyouz russe. En 2003, Shenzhou 5 – ce nom signifie « vaisseau divin » – emporta le premier astronaute chinois – Yang Liwei – en orbite au-dessus de la planète. Six missions Shenzhou suivirent, dont cinq habitées qui revinrent à Terre à l'aide d'un parachute géant grand comme trois fois la surface d'un terrain de basket.

D'UN COUP D'ŒIL

- **LANCEUR** Fusée Longue Marche 2F
- **PREMIER LANCEMENT** 19 novembre 1999 (vol d'essai sans équipage)
- **SITE DE LANCEMENT** Jiuquan, nord-ouest de la Chine
- **OPÉRATEUR** Administration spatiale nationale chinoise (CNSA)

Vue d'artiste représentant Shenzhou 5, première mission spatiale habitée chinoise, en orbite au-dessus de la Terre

FAITS ET CHIFFRES

Shenzhou 9 emporta dans l'espace la première femme astronaute chinoise, Liu Yang, le 16 juin 2012, exactement 49 ans jour pour jour après le vol de la russe Valentina Tereshkova qui fit d'elle la première femme dans l'espace.

TAILLE

Les trois modules de Shenzhou – de service, orbital et de rentrée – présentent une longueur totale de 9 m.

m 5 10

PANNEAUX SOLAIRES

Les 4 panneaux solaires génèrent 1 500 watts de puissance électrique.

RETOUR EN DOUCEUR

Six rétrofusées se déclenchent sous le module de rentrée à 1 m du sol pour amortir l'atterrissage.

EN SIMULATEUR SPATIAL

L'équipage de Shenzhou 9 est photographié ici à l'entraînement à bord d'un simulateur de capsule recréant les conditions d'un retour sur Terre. En 2012, Shenzhou 9 fut le quatrième vol habité du programme chinois. Contrôlé par des ordinateurs au sol, le vaisseau emporta ce même équipage pour aller s'amarrer à la station orbitale Tiangong 1. L'amarrage fut réalisé en pilotage manuel par la pilote Liu Yang.

LE LANCEUR LE PLUS
PUISSANT
JAMAIS CONSTRUIT
NASA

LE LANCEUR DU FUTUR

LE SPACE LAUNCH SYSTEM

Actuellement en développement par la NASA, le Space Launch System, ou SLS, sera le lanceur le plus puissant jamais construit. Propulsé par deux boosters similaires à ceux utilisés jadis pour faire décoller les navettes spatiales, ainsi que par deux étages-fusées disposant chacun de leurs moteurs et de leur carburant propres, il emportera aussi bien des chargements que des capsules Orion et leur équipage. À terme, il doit lancer de nouvelles missions habitées vers la Lune, vers des astéroïdes, et servir pour les futures missions habitées sur Mars. Le premier tir, prévu pour 2020, doit envoyer une capsule Orion sans équipage en orbite lunaire.

D'UN COUP D'ŒIL

- **TYPE DE LANCEUR** Lanceur à deux étages à usage unique
- **PREMIER LANCEMENT** Prévu pour juin 2020
- **POUSSÉE** La poussée combinée des deux boosters sera de 44 millions de chevaux.
- **OPÉRATEUR** NASA

Essai d'un moteur du premier SLS.

FAITS ET CHIFFRES

Ce lanceur lourd est architecturé en deux étages distincts pour un total de quatre moteurs-fusées. Aucun de ceux-ci ne sera réutilisable car leur remise en état serait plus coûteuse que la fabrication de nouveaux moteurs.

TAILLE IMPOSANTE
Dans sa configuration la plus haute, le SLS atteindra 117 m de haut.

CHARGE MAXIMALE
Le SLS pourra lancer des charges de 130 tonnes : plus que toute autre fusée.

CONSOMMATION
Les boosters à carburant solide brûleront 4 500 kg de carburant par seconde.

POUSSÉE MAXIMALE
À pleine puissance, la poussée du SLS sera celle de 34 Jumbo-Jets.

DÉPART POUR L'ESPACE

Le SLS sera lancé depuis le Kennedy Space Center de la NASA, en Floride, aux États-Unis. Les deux boosters externes à carburant solide assisteront le moteur du premier étage pour produire une poussée suffisante au décollage.

UN BALLON DANS L'ESPACE

LE B330

Le B330 est un module d'habitation spatiale gonflable actuellement en développement par la société américaine Bigelow Aerospace. Une fois gonflé d'air, son volume augmente plus de trois fois. Il peut être utilisé aussi bien en orbite basse terrestre que dans l'espace distant, offrant un volume intérieur suffisant pour six astronautes. Ses baies d'arrimage lui permettent de s'assembler à d'autres vaisseaux ou modules semblables pour créer des stations spatiales, voire des hôtels spatiaux.

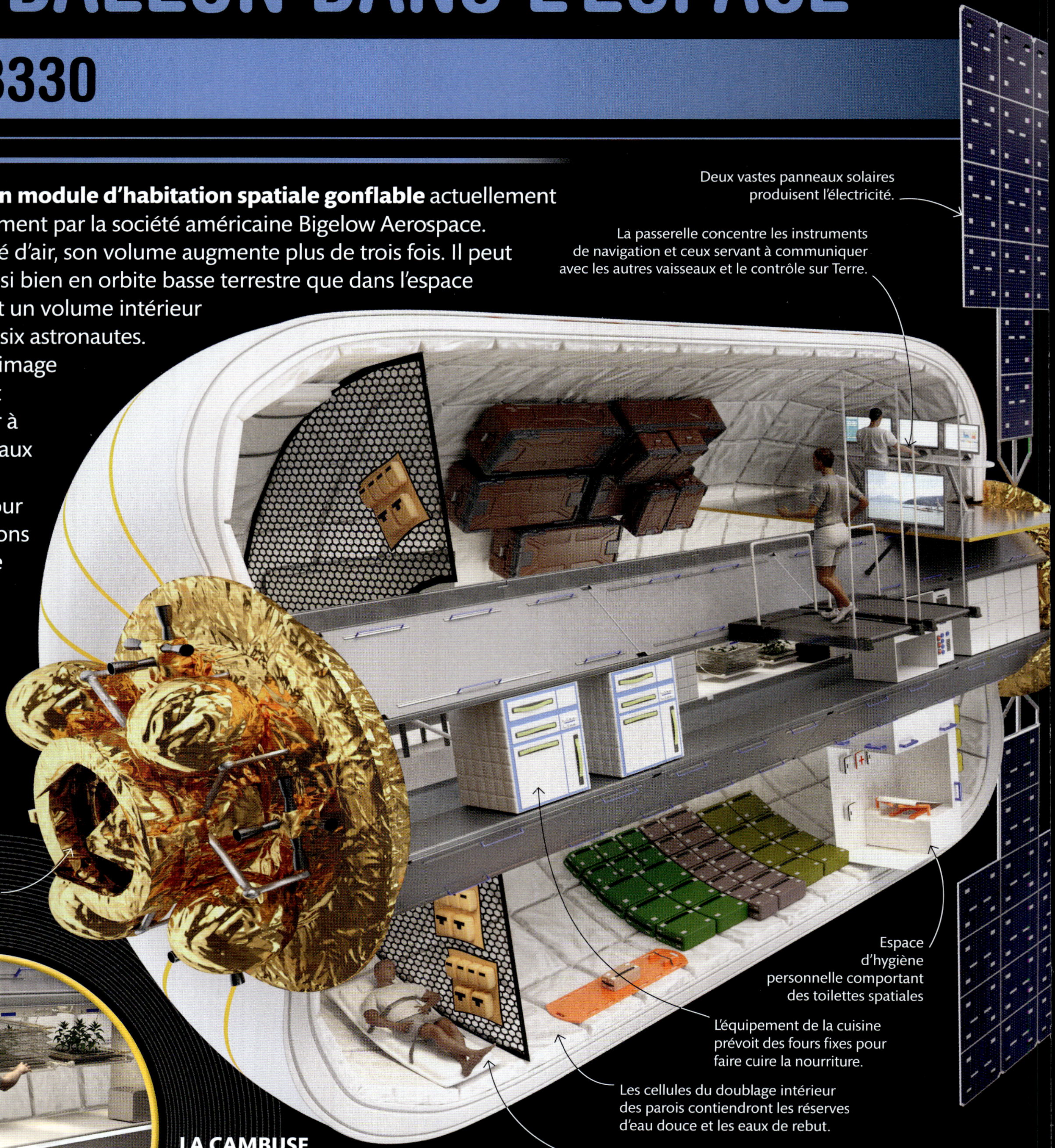

LA CAMBUSE

Un espace cuisine disposant d'au moins un four pour faire cuire les aliments, ainsi que d'arrivées d'eau chaude pour préparer des repas lyophilisés, est prévu à bord. La lumière artificielle permettra de faire pousser des plantes, tant pour des expériences scientifiques que pour fournir de la nourriture fraîche.

D'UN COUP D'ŒIL

- **TYPE DE VAISSEAU** Module d'habitation gonflable
- **DIMENSIONS** 16,90 m × 6,70 m
- **DATE DE LANCEMENT** Proposée pour 2021
- **OPÉRATEUR** Bigelow Aerospace

Ici, trois modules B330 ont été assemblés pour former une station spatiale.

LE BEAM À L'ESSAI

En 2016, un petit module gonflable nommé BEAM (acronyme de « Bigelow Expandable Activity Module ») fut arrimé à la Station spatiale internationale pour tester le concept et les matériaux du futur B330. Il s'avéra aussi résistant que les modules traditionnels à parois métalliques.

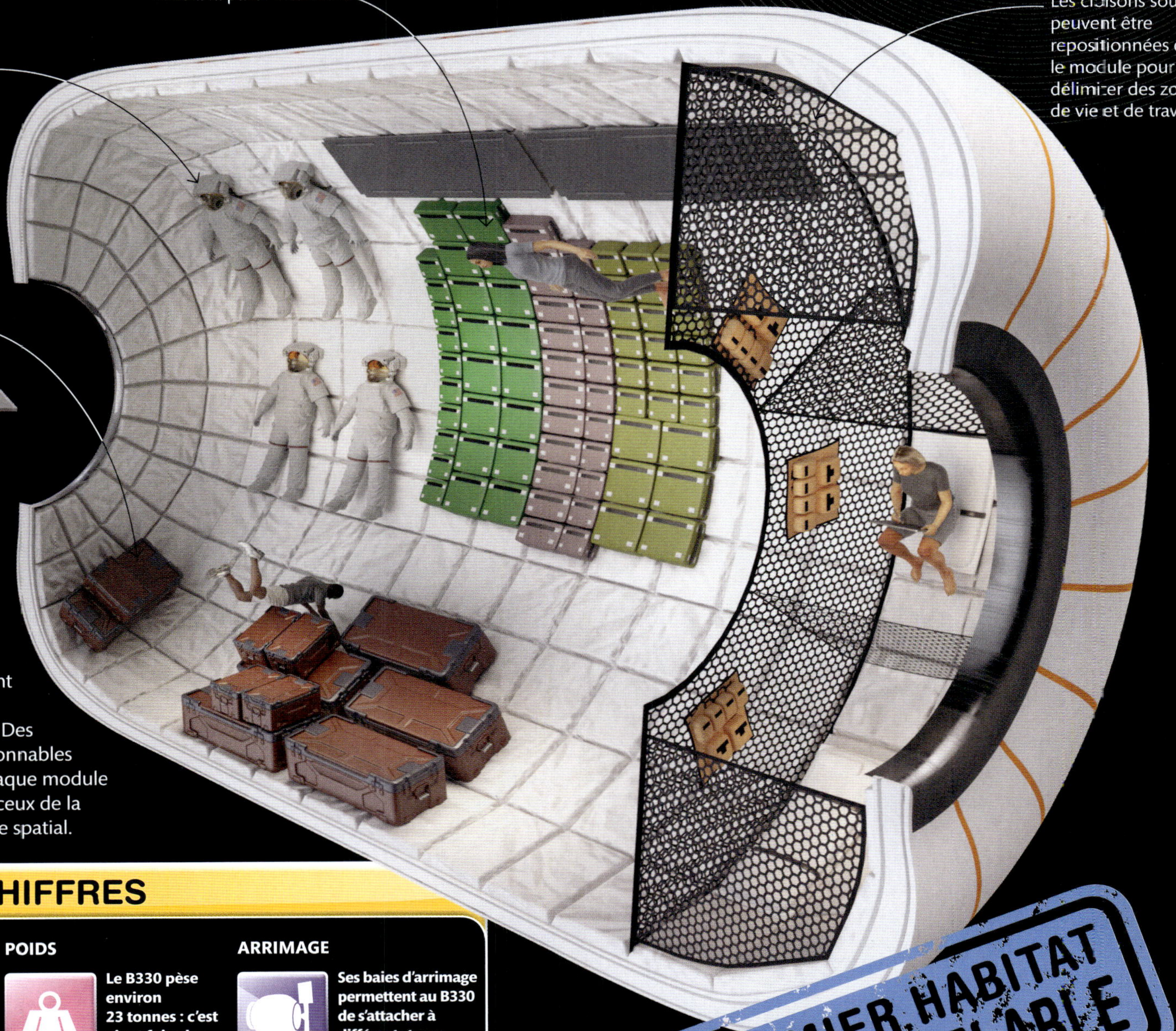

Un habitat adaptable

Cette illustration montre le vaste espace intérieur offert par le B330 divisé en zones de vie, de travail et de stockage. Des mains courantes le long des parois permettent aux astronautes de s'y déplacer en impesanteur. Des cloisons souples repositionnables permettent d'adapter chaque module à différents besoins, tels ceux de la recherche ou du tourisme spatial.

FAITS ET CHIFFRES

Le B330 gonflé à bloc, son revêtement externe est aussi dur que du béton. La paroi de 46 cm d'épaisseur est constituée de vingt couches différentes pour protéger le milieu intérieur, notamment des températures extrêmes et des rayonnements dangereux.

POIDS

Le B330 pèse environ 23 tonnes : c'est vingt fois plus léger que l'ISS.

ARRIMAGE

Ses baies d'arrimage permettent au B330 de s'attacher à différents types de vaisseaux.

EN ORBITE

Un module B330 est prévu pour être placé en orbite lunaire en 2022.

VISION

Des hublots traités contre les rayons ultraviolets permettent de voir à l'extérieur.

LE PREMIER HABITAT SPATIAL GONFLABLE

GLOSSAIRE

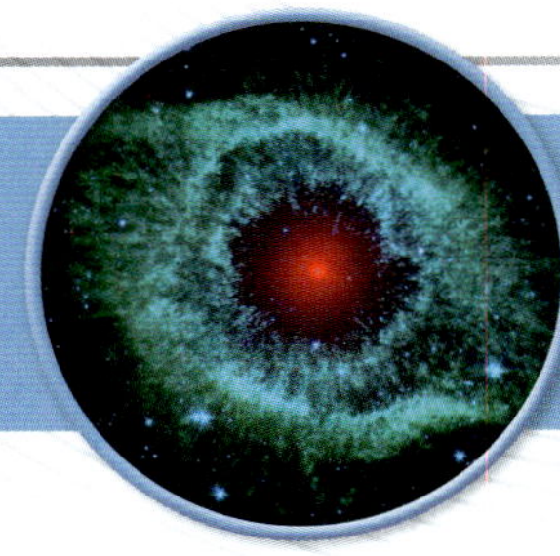

ACTIVITÉ EXTRAVÉHICULAIRE
Activité effectuée par un astronaute hors de son vaisseau, dans l'espace ou à la surface d'un corps céleste.

AMAS GLOBULAIRE
Groupe d'étoiles rassemblées en un amas sphérique, en orbite autour d'une grande galaxie.

AMAS OUVERT
Amas d'une centaine à un millier d'étoiles environ, formant un groupe assez lâche, nées toutes en même temps au sein d'une nébuleuse.

AMAS STELLAIRE
Groupe d'étoiles maintenues assemblées par la gravité. On distingue les amas ouverts et les amas globulaires (voir ces termes).

ANNÉE-LUMIÈRE
Unité de distance astronomique : distance parcourue par la lumière en une année dans le vide de l'espace, soit environ 9 460 milliards de km.

ANTENNE
Structure métallique de forme variée servant à émettre et à recevoir des signaux radio.

ARRIMAGE
Assemblage de deux vaisseaux spatiaux grâce à un dispositif mécanique de façon à les relier et permettre à l'équipage de passer de l'un à l'autre.

ASTÉROÏDE
Petit corps du Système solaire aux formes irrégulières, constitué de roches et/ou de métaux, en orbite autour du Soleil.

ASTRONAUTE
Personne entraînée pour voyager et vivre dans l'espace.

ASTRONOME
Personne qui étudie les étoiles, les planètes et autres corps présents dans l'espace.

ATMOSPHÈRE
Couche de gaz externe enveloppant une planète ou une étoile.

ATOME
Type de particule le plus petit sous lequel puisse exister un élément chimique.

AURORE
Phénomène gazeux luminescent dans la haute atmosphère d'une planète, le plus souvent au-dessus de ses pôles, dû à l'arrivée de particules chargées issues de son étoile (vent stellaire).

AXE
Ligne imaginaire passant par le centre d'une planète ou d'une étoile, autour de laquelle celle-ci tourne sur elle-même.

BIG BANG
Événement par lequel l'Univers a été créé il y a 13,8 milliards d'années. Selon la théorie du big bang, l'Univers a débuté sous une forme extrêmement petite, dense et chaude, puis est passé par une phase d'inflation rapide, et n'a cessé de s'étendre depuis. Le big bang est l'origine de l'espace, du temps et de la matière.

BLAZAR
Galaxie active (voir ce terme) dont les jets de rayonnement parviennent à la Terre directement de face ou quasiment.

BOUCLIER THERMIQUE
Dispositif équipant un vaisseau spatial, destiné à le protéger des températures extrêmes, telles celles rencontrées lors de la rentrée dans l'atmosphère.

CEINTURE D'ASTÉROÏDES
Région du Système solaire en forme d'anneau, située entre les orbites de Mars et de Jupiter, occupée par un grand nombre d'astéroïdes et une planète naine (Cérès) en orbite autour du Soleil.

CEINTURE DE KUIPER
Zone du Système solaire au-delà de l'orbite de Neptune occupée par de nombreux astéroïdes et comètes ainsi que quelques planètes naines, gravitant autour du Soleil.

CHAMP MAGNÉTIQUE
Région autour d'un objet magnétique ou d'un courant de particules chargées, dans laquelle s'appliquent ses propriétés magnétiques d'attraction ou de répulsion sur les autres objets magnétiques ou particules chargées.

CHROMOSPHÈRE
Couche de l'atmosphère du Soleil située au-dessus de la photosphère (voir ce mot).

COMÈTE
Petit corps céleste constitué de glace et de poussières en orbite elliptique autour du Soleil. À l'approche de ce dernier, la glace se vaporise, entraînant la formation de queues de gaz et de poussières.

CONSTELLATION
Nom donné à une région du ciel située autour d'un groupe d'étoiles particulier (astérisme) ayant reçu ce même nom. Les constellations sont définies par l'Union astronomique internationale (UAI) et sont au nombre de 88.

COSMOS
En philosophie, terme désignant le monde clos de la Terre et des cieux, des dieux et des hommes, dont le contenu peut varier selon les peuples et les religions. Par extension, il est souvent employé, comme dans ce livre, pour désigner l'Univers.

COURONNE SOLAIRE
Couche supérieure de l'atmosphère du Soleil, composée des mêmes gaz que le reste de l'étoile, mais moins dense et beaucoup plus chaude que la surface du Soleil. La couronne solaire s'étend bien au-delà du Soleil lui-même, atteignant des millions de kilomètres dans l'espace.

COURSE À L'ESPACE
Compétition instaurée au cours des années 1960 entre les États-Unis et l'Union soviétique ayant débuté avec le lancement de Spoutnik 1 par les Soviétiques, et s'étant achevée avec l'arrivée du premier Américain sur la Lune.

CRATÈRE D'IMPACT
Dépression en forme de cuvette laissée à la surface d'un corps céleste rocheux par la chute d'un objet venu de l'espace, tel qu'un astéroïde, généralement délimitée par un bord marqué de reliefs et cernée par des matériaux éjectés tout autour.

CROÛTE
Fine couche solide formant la surface d'un corps céleste rocheux.

DENSITÉ
Quantité de matière renfermée par un corps par rapport à son volume.

DISQUE D'ACCRÉTION
Matière en orbite formant un disque autour d'un corps céleste qui peut être une jeune étoile, une étoile à neutrons, un trou noir, etc.

DISQUE PROTOPLANÉTAIRE
Disque d'accrétion (voir ce terme) autour d'une étoile, constitué de gaz et de poussières, à partir duquel se forment les planètes et leurs satellites, les planètes naines et autres petits corps.

ÉCLIPSE
Phénomène astronomique au cours

duquel un astre disparaît partiellement ou totalement aux yeux d'un observateur parce qu'un autre corps céleste s'interpose entre l'astre et l'observateur, ou entre l'astre et la source lumineuse qui l'éclaire.

ÉQUATEUR
Ligne imaginaire délimitant les deux moitiés d'un corps céleste sphérique, à mi-chemin entre ses pôles Nord et Sud.

ÉTOILE À NEUTRONS
Noyau effondré ultra-dense subsistant d'une étoile ayant explosé en supernova (voir ce terme), composé essentiellement de neutrons.

ÉTOILE/SYSTÈME BINAIRE
Paire d'étoiles en orbite autour d'un centre commun sous l'effet de leurs gravités combinées.

ÉTOILE VARIABLE
Étoile dont la luminosité varie au cours du temps. Nombre d'étoiles variables varient aussi par la taille.

EXOPLANÈTE
Planète en orbite autour d'une étoile autre que le Soleil, étant donc située hors de notre Système solaire.

FRÉQUENCE
Nombre de fois qu'un phénomène périodique se reproduit en un temps donné. La fréquence d'une onde est le nombre de cycles complets d'oscillations qu'elle effectue en une seconde. Elle est liée à sa longueur d'onde (voir ce terme).

FUSION NUCLÉAIRE
Processus au cours duquel deux noyaux d'atomes s'assemblent (fusionnent) pour former un noyau plus lourd, en libérant de très grandes quantités d'énergie

GALAXIE
Ensemble de millions ou de milliards d'étoiles, de nuages de gaz et de poussières, maintenus regroupés par la gravité.

GALAXIE À SURSAUT DE FORMATION D'ÉTOILES
Galaxie au sein de laquelle se produit une période subite de formation d'étoiles en grand nombre, résultant souvent d'une collision avec une autre galaxie.

GALAXIE ACTIVE
Galaxie émettant une quantité exceptionnelle d'énergie, notamment sous la forme de jets axiaux de rayonnements, dont la majeure partie est due à l'activité du trou noir supermassif présent en son centre.

GALAXIE DE SEYFERT
Type de galaxie active à structure spirale présentant un noyau extrêmement compact et lumineux.

GALAXIE ELLIPTIQUE
Galaxie de forme ovale regroupant des étoiles très anciennes et renfermant peu de gaz et de poussières.

GALAXIE IRRÉGULIÈRE
Galaxie sans forme ni structure définie, contenant beaucoup de jeunes étoiles, de gaz et de poussières.

GALAXIE LENTICULAIRE
Galaxie présentant la forme d'une lentille, comme la graine de l'aliment du même nom, ou bien d'une lentille optique convexe. Une galaxie lenticulaire présente un bulbe central mais pas de bras spiraux.

GALAXIE NAINE
Petite galaxie renfermant seulement un million à quelques milliards d'étoiles.

GALAXIE SPIRALE
Galaxie en forme de disque présentant des bras spiraux s'enroulant à partir d'un noyau central en forme de bulbe.

GALAXIE SPIRALE BARRÉE
Galaxie présentant des bras spiraux s'enroulant à partir des extrémités d'un noyau central en forme de barre.

GÉANTE GAZEUSE
Planète principalement constituée d'hydrogène et d'hélium gazeux, telles Jupiter ou Saturne.

GÉANTE ROUGE
Très grande étoile lumineuse dont la température en surface est basse et émettant une lumière de couleur rouge. Elle « brûle » de l'hélium dans son noyau au lieu de l'hydrogène et approche de la fin de sa vie.

GEYSER
Source chaude projetant une colonne d'eau et de vapeur vers le haut.

GRAVITÉ
Force d'attraction s'exerçant entre tous les objets possédant une masse. C'est la force qui maintient les lunes en orbite autour des planètes, et les planètes en orbite autour du Soleil.

GROUPE LOCAL
Amas de quelques dizaines de galaxies proches les unes des autres, auquel appartient notre propre galaxie, la Voie lactée.

HÉMISPHÈRE
Moitié d'une sphère. La Terre est divisée en un hémisphère Nord et un hémisphère Sud par l'équateur.

HYDROTHERMAL
Relatif à l'eau ayant été chauffée de façon naturelle dans le sous-sol, et remontant en surface.

HYPERGÉANTE
Étoile parmi les plus massives existant de nos jours dans l'Univers. Une hypergéante est plus de 100 fois plus massive que le Soleil et plus de un million de fois plus lumineuse.

IMPESANTEUR
Sensation d'absence de poids ressentie par les astronautes lors d'un voyage dans l'espace.

INTERACTION DE GALAXIES
Cas de deux galaxies s'approchant tellement l'une de l'autre que leur gravité provoque des perturbations dans l'une et l'autre, par exemple dans les nuages de gaz et de poussières, déclenchant la formation d'étoiles. L'interaction peut aller jusqu'à la collision et la fusion des deux galaxies.

LANCEUR
Véhicule propulsé par des moteurs-fusées utilisé pour envoyer des vaisseaux ou des satellites dans l'espace.

LARGAGE
Action de libérer, de se séparer ou de jeter quelque chose, par exemple l'étage ayant épuisé son carburant d'une fusée.

LASER (RAYON/LUMIÈRE)
Type de rayonnement produisant un faisceau lumineux étroit et intense constitué d'ondes d'une fréquence unique, stable dans le temps et dans l'espace.

LONGUEUR D'ONDE
Distance entre deux pics d'oscillation d'une onde. Elle est liée à sa fréquence (voir ce mot).

LUMIÈRE VISIBLE
Gamme des ondes électromagnétiques (voir ce terme) dont le rayonnement est décelable par l'œil sous la forme de lumière.

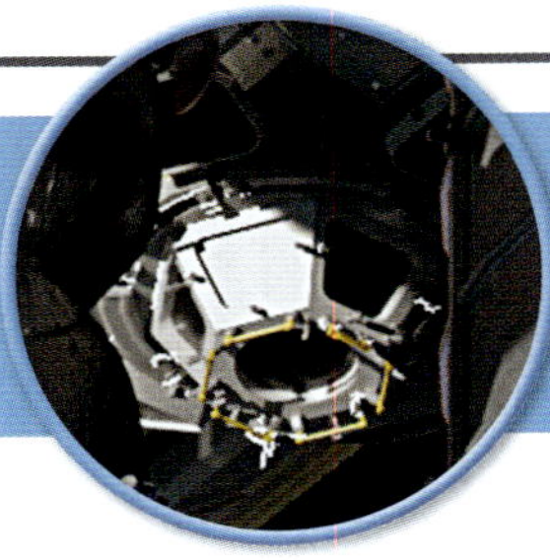
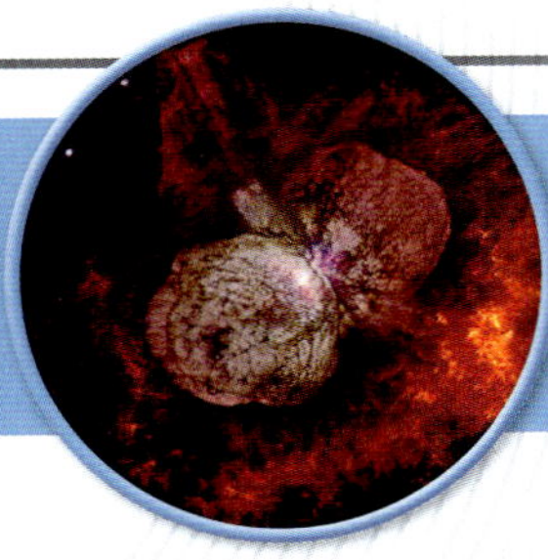

LUMINOSITÉ
En astronomie, quantité totale d'énergie émise par un corps céleste (étoile, galaxie ou autre) par unité de temps.

MAGNÉTOMÈTRE
Instrument servant à mesurer des forces magnétiques.

MAGNITUDE
Échelle de luminosité d'un objet céleste. Elle peut s'exprimer de deux manières : la magnitude apparente, qui traduit la luminosité de l'objet dans le ciel nocturne vu depuis la Terre, et la magnitude absolue, ou luminosité (voir ce mot), qui correspond à la quantité d'énergie lumineuse effectivement émise par l'objet.

MÉTÉORE
Bref trait de lumière dans le ciel nocturne, aussi appelé étoile filante, survenant quand un débris spatial de la taille moyenne d'un grain de sable entre dans l'atmosphère terrestre et brûle sous l'effet du frottement.

MÉTÉORITE
Débris spatial naturel (fragment d'astéroïde) tombé à la surface de la Terre sans se consumer entièrement lors de sa traversée de l'atmosphère ni se désintégrer lors de l'impact. Les météorites sont généralement classées en fonction de leur composition, selon qu'elles sont faites de roche, de métal ou des deux.

MINÉRAL
Composé solide naturel présentant une composition chimique définie et le plus souvent une structure cristalline.

NAINE BLANCHE
Stade final de la vie d'une étoile de taille moyenne (moins de huit fois la masse du Soleil), après qu'elle a cessé de produire de l'énergie par des réactions nucléaires. C'est en fait le noyau très dense, effondré sur lui-même, de l'étoile initiale après que celle-ci a éjecté ses couches externes en une nébuleuse planétaire (voir ce terme). La naine blanche est la phase terminale, très longue et de faible rayonnement, de la vie de l'étoile. Le Soleil finira sa vie à l'état de naine blanche.

NAINE BRUNE
Corps céleste dont la taille varie de celle d'une grosse planète à celle d'une petite étoile, constitué par une « étoile avortée », n'ayant pas atteint une masse suffisante pour que puissent se lancer dans son noyau les réactions de fusion nucléaire qui en auraient fait une véritable étoile.

NAINE NOIRE
Étoile morte et froide restant après qu'une étoile naine blanche s'est lentement refroidie et éteinte au cours de milliards d'années. Aucune n'a jamais pu être observée à ce jour, l'Univers étant trop jeune pour qu'une naine blanche ait eu le temps de parvenir à ce stade.

NÉBULEUSE
Nuage de gaz et/ou de poussières dans l'espace.

NÉBULEUSE PLANÉTAIRE
Nébuleuse formée par une coquille de gaz en expansion éjecté par une étoile de taille moyenne en fin de vie, de forme sphérique comme une planète.

NÉBULEUSE SOLAIRE
Immense nuage tournoyant de gaz et de poussières à partir duquel se sont formés tous les éléments de notre Système solaire : le Soleil, les planètes et leurs satellites et tous les autres petits corps.

NŒUD COMÉTAIRE
Auprès d'une nébuleuse planétaire (voir ce terme), phénomène d'ionisation d'une masse de gaz en déplacement rapide et récemment émis. Il prend l'aspect d'un croissant avec une queue évoquant celle d'une comète, formé autour d'un « globule » de gaz et de poussières plus denses.

NUAGE D'OORT
Immense nuage sphérique hypothétique (on ne l'a encore jamais observé) d'environ 1,6 année-lumière de diamètre, enveloppant le Système solaire et renfermant des milliards de comètes.

ONDES RADIO
Gamme des ondes électromagnétiques (voir ce terme) dont les fréquences sont inférieures aux infrarouges (voir ce mot).

ORBITE
Trajectoire fermée suivie par un objet qui gravite autour d'un autre sous l'effet de la gravité. Les orbites des planètes sont elliptiques.

ORBITEUR
Appareil spatial conçu pour se placer en orbite autour d'un objet et non pour s'y poser.

PARTICULE CHARGÉE
Particule possédant une charge électrique positive ou négative.

PHOTOSPHÈRE
Mince couche gazeuse située à la base de l'atmosphère solaire dans laquelle est émise la lumière visible.

PLANÈTE
Corps céleste de forme sphérique en orbite autour du Soleil ou d'une autre étoile, et de masse suffisante pour avoir éliminé par sa gravité tout autre corps se trouvant sur sa trajectoire orbitale ou à proximité.

PLANÈTE NAINE
Corps de taille moyenne, de forme sphérique et gravitant autour du Soleil, comme une planète, mais dont l'orbite est située dans la ceinture d'astéroïdes ou la ceinture de Kuiper. Actuellement, cinq objets sont définis comme des planètes naines : Cérès, dans la ceinture d'astéroïdes, et Pluton, Éris, Hauméa et Makémaké, dans la ceinture de Kuiper.

PLANÉTÉSIMAL
Petit corps rocheux ou glacé formé par l'agglomération de matière sous l'effet de la gravité au sein d'un disque protoplanétaire (voir ce terme) autour d'une étoile jeune, destiné à grossir et à former une planète.

PLAQUE TECTONIQUE
Plaque rocheuse constituant une portion de la croûte terrestre, cette dernière étant composée de plusieurs plaques tectoniques mouvantes qui flottent à la surface du manteau de la planète.

PLUIE DE MÉTÉORES/D'ÉTOILES FILANTES
Chutes répétées de météores (voir ce mot) en grand nombre provenant tous d'un même point du ciel, se reproduisant tous les ans pendant quelques heures ou quelques jours à la même période de l'année. Elles surviennent quand la Terre traverse la trajectoire d'un nuage de débris spatiaux laissés par une comète.

PROTOÉTOILE
Étoile à un stade précoce de sa formation.

PROTOPLANÈTE
Planète à un stade précoce de sa formation.

PROTUBÉRANCE SOLAIRE
Immense panache de plasma (une forme de gaz très chaud constitué de particules chargées électriquement) qui jaillit de la photosphère (voir ce mot) solaire.

PULSAR
Étoile à neutrons (voir ce terme) émettant un double faisceau de rayonnement en tournant rapidement sur elle-même.

QUASAR
Noyau extrêmement lumineux d'une galaxie active (voir ce terme) lointaine présentant un trou noir supermassif en son centre.

RADAR
Système de détection émettant des ondes radio vers un objet dont il capte les ondes réfléchies par celui-ci, afin de le localiser ou de cartographier sa surface.

RADIOASTRONOME
Astronome étudiant les objets célestes à travers l'analyse de leurs émissions radio, au moyen de radiotélescopes.

RAYONNEMENT
Processus par lequel de l'énergie est transférée sous la forme d'un train d'ondes et/ou de particules.

RAYONNEMENT ÉLECTROMAGNÉTIQUE
Ondes énergétiques qui voyagent à travers l'espace et la matière, faisant partie d'un ensemble regroupant les ondes radio, les micro-ondes, le rayonnement infrarouge, la lumière visible, les rayons ultraviolets, les rayons X et les rayons gamma.

RAYONNEMENT GAMMA
Gamme des ondes électromagnétiques (voir ce terme) dont les fréquences sont les plus élevées, et donc les plus énergétiques.

RAYONNEMENT INFRAROUGE
Gamme des ondes électromagnétiques (voir ce terme) de fréquence plus haute que celle des ondes radio mais plus basse que la lumière visible. Les infrarouges sont porteurs de la chaleur.

RAYONNEMENT ULTRAVIOLET
Gamme des ondes électromagnétiques (voir ce terme) de fréquence plus haute que celle de la lumière visible mais plus basse que celle des rayons X.

RAYONNEMENT X
Gamme des ondes électromagnétiques (voir ce terme) de fréquence plus haute que celle des rayons ultraviolets mais plus basse que celle du rayonnement gamma.

RÉMANENT DE SUPERNOVA
Matière éjectée par l'explosion d'une étoile en supernova (voir ce mot), prenant l'aspect d'une nébuleuse.

RÉTROFUSÉE
Petit moteur-fusée agissant en sens inverse du mouvement d'un vaisseau spatial pour le ralentir. Son action peut servir à provoquer la rentrée dans l'atmosphère terrestre d'un vaisseau en orbite, à ralentir un vaisseau à l'approche d'un autre auquel il va s'arrimer ou une sonde spatiale à l'approche de sa destination.

ROVER
Sonde roulante conçue pour se poser sur une planète ou un autre corps céleste, pilotée à distance depuis la Terre. Nom donné également aux véhicules lunaires pilotés par les astronautes du programme Apollo sur la Lune.

SATELLITE
Corps céleste naturel gravitant autour d'un autre plus massif, ou appareil spatial fabriqué par l'homme placé en orbite autour de la Terre ou d'un autre astre. Dans ce dernier cas, il est qualifié de satellite artificiel.

SÉQUENCE PRINCIPALE
Dans un diagramme où les étoiles sont réparties d'après leur indice de couleur et de luminosité, bande continue et distincte, en diagonale, regroupant des étoiles dont la masse varie entre 0,1 et 40 masses solaires environ, dans la phase de leur vie la plus longue et stable où elles brillent en convertissant de l'hydrogène en hélium. Notre Soleil en fait partie.

SPECTROMÈTRE
Appareil servant à diviser la lumière ou autre rayonnement en un spectre des différentes longueurs d'onde qui les constituent afin de les mesurer et de les analyser.

SUPERGÉANTE
Étoile exceptionnellement grosse et lumineuse. Les étoiles au moins dix fois plus massives que le Soleil se transforment en supergéantes à la fin de leur vie.

SUPERNOVA
Phénomène se produisant à la mort des étoiles géantes de plus de huit masses solaires, au cours duquel le noyau de l'étoile implose en se contractant sur lui-même sous l'effet de la gravité, ce qui déclenche l'éjection de ses couches externes dans une gigantesque explosion, dont la production d'énergie est telle qu'elle peut briller plus fort qu'une galaxie tout entière. Un autre type de supernova peut se produire par explosion thermonucléaire d'une naine blanche (voir ce mot) – autrement dit un vestige d'étoile – faisant partie d'un système d'étoile binaire (voir ce terme), lorsque son étoile compagnon meurt à son tour.

SURVOL
Type de vol d'un appareil qui passe à côté d'une planète ou tout autre corps céleste sans tenter de se poser dessus ni de se placer en orbite autour.

TACHE SOLAIRE
Région d'activité magnétique intense dans la photosphère du Soleil apparaissant plus foncée que les zones alentour.

TROU NOIR
Corps céleste doté d'une densité et d'une force de gravitation telles que rien, pas même la lumière, ne parvient à échapper à son attraction.

VAPEUR D'EAU
Forme gazeuse de l'eau

VENT SOLAIRE
Flux continuel de particules chargées et rapides, donc de haute énergie, émis par le Soleil.

VITESSE DE LA LUMIÈRE
Dans le vide, c'est une constante physique universelle : elle est de 299 792 458 m/s, soit environ 300 000 km/s. Rien ne peut aller plus vite que la vitesse de la lumière.

VOIE LACTÉE
Galaxie spirale barrée à laquelle appartient notre Système solaire, visible à l'œil nu dans le ciel nocturne sous la forme d'une large bande faiblement lumineuse traversant la voûte céleste.

ZONE DE CONVECTION
Couche à l'intérieur d'une étoile, comme le Soleil, où les gaz chauds s'élèvent puis refroidissent et replongent. Ce mouvement transporte l'énergie vers la surface de l'étoile.

ZONE HABITABLE
Zone d'espace autour d'une étoile dans laquelle une planète présentant les caractéristiques favorables pourrait permettre à la vie de se développer.

INDEX

I J K

L

M

N

O

P Q

R

S

T

U V

W Y

REMERCIEMENTS

Dorling Kindersley souhaite remercier les personnes suivantes :
Sam Atkinson, Bharti Bedi, Ankona Das, Arpita Dasgupta, Tina Jindal, Andrea Mills et Pauline Savage pour l'assistance éditoriale ; Srishti Arora pour l'assistance à la création graphique ; Deepak Mittal pour l'assistance à la PAO ; Ed Aves pour la lecture des épreuves et Carron Brown pour l'index.

Iconographie
Les éditeurs souhaitent remercier pour leur autorisation de reproduction les auteurs des photographies de cet ouvrage :

(Légende : a = au-dessus ; b = bas/en dessous ; c = centre ; e = extrême ; g = gauche ; d = droite ; h = haut)

1 Alamy Stock Photo : Andrey Armyagov. **2-3 Ian Regan**. **4 ESA :** ESA / DLR / FU Berlin (G. Neukum), CC BY-SA 3.0 IGO (ca). **NASA and The Hubble Heritage Team (AURA/STScI) :** NASA, ESA et the Hubble Heritage Team (STScI / AURA) (cga). **NASA :** NASA / JPL-Caltech / SwRI / MSSS / Gerald Eichstadt / Sean Doran (ca/Grande tache rouge) ; NASA / CXC / SAO (cda). **5 Alamy Stock Photo :** Science History Images (cda). **NASA :** NASA / Johns Hopkins APL / Steve Gribben (ca). **Science Photo Library :** NASA / CXC / UNIVERSITY OF HERTFORDSHIRE / M. HARDCASTLE ET AL / CSIRO / ATNF / ATCA (cga). **10 Science Photo Library :** Luis Argerich (cga). **12 ESA / Hubble :** NASA, ESA et the Hubble Heritage (STScI / AURA)-ESA / Hubble Collaboration. Remerciements : M. West (ESO, Chili) (cgb). **NASA and The Hubble Heritage Team (AURA/STScI) :** NASA, ESA et The Hubble Heritage Team (STScI / AURA) ; P. Knezek (WIYN) (cga). **12-13 Robert Gendler**. **13 ESA / Hubble :** ESA / Hubble & NASA (hg). **NASA :** ASA, ESA, A. Riess (STScI / JHU), L. Macri (Texas A&M University) et Hubble Heritage Team (STScI / AURA) (cd) ; NASA / JPL-Caltech / STScI (hd) ; NASA / JPL-Caltech (cdb). **16 NASA :** NASA / JPL-Caltech / UCLA (cga). **17 Alamy Stock Photo :** Science History Images (cda). **ESA :** JAXA (cga). **NASA :** NASA / CXC / SAO / DSS / D. Patnaude (cgb) ; X-ray : NASA / CXC / SAO ; Optical : NASA / STScI (c) ; NASA / JPL-Caltech / STScI / CXC / SAO (cdb). **NRAO :** NRAO / AUI / NSF ; D. Berry / Skyworks (bc). Science Photo Library : Russell Kightley (cb). **18-19 NASA and The Hubble Heritage Team (AURA/STScI) :** NASA, ESA et the Hubble Heritage Team (STScI / AURA). **20 Science Photo Library :** Mark Garlick (cg). **20-21 ESA :** ESO / L. Calçada. **21 Science Photo Library :** Mark Garlick (hd) ; Mark Garlick (cdb). **24 Alamy Stock Photo :** Zachary Frank (c). **NASA and The Hubble Heritage Team (AURA/STScI) :** JPL / Caltech (cb) ; NRAO / AUI / NSF (cg). **iStockphoto.com :** Stocktrek Images (bc). **24-25 NASA and The Hubble Heritage Team (AURA/STScI) :** NASA, ESA, G. Dubner (IAFE, CONICET-Université de Buenos Aires) et al. ; A. Loll et al. ; T. Temim et al. ; F. Seward et al. ; VLA / NRAO / AUI / NSF ; Chandra / CXC ; Spitzer / JPL-Caltech ; XMM-Newton / ESA ; et Hubble / STScI. **25 ESA / Hubble :** NASA / Chandra / CXC (c) ; ESA (hc). **ESA :** ESA-C. Carreau (cda). **NASA. Science Photo Library :** NASA (bd). **26 Alamy Stock Photo :** Everett Collection Inc (cg). **ESA :** ESA / ATG medialab (bc). **NASA. Rex by Shutterstock :** JAXA (cgb). **Science Photo Library :** Detlev Van Ravenswaay (ca) ; Detlev Van Ravenswaay (c) ; SPUTNIK (cda). **27 Alamy Stock Photo :** ITAR-TASS News Agency (cda) ; SPUTNIK (cg). **Getty Images :** Space Frontiers (bc) ; Keystone-France (cga). **NASA :** NASA / Neil Armstrong (c). **National Air and Space Museum, Smithsonian Institution :** (cb). **Science Photo Library :** Detlev Van Ravenswaay (cgb) ; SPUTNIK (bd). **28-29 NASA**. **32 Dorling Kindersley :** Peter Bull / NASA / ESA (cg). **Getty Images :** SinghaphanAll (bg). **NASA :** NASA / SDO (cb). **33 Science Photo Library :** Scharmer et al, Académie royale des Sciences de Suède (hd). **34-35 NASA :** NASA / SDO. **36-37 NASA :** NASA / Johns Hopkins University Applied Physics Laboratory / Carnegie Institution of Washington. **36 NASA :** NASA / Johns Hopkins University Applied Physics Laboratory / Carnegie Institution of Washington (cg). **38-39 NASA :** NASA / JPL. **38 NASA :** NASA / JPL (cg). **40 NASA :** NASA Goddard Space Flight Center Image by Reto Stöckli (terres, eaux, atmosphère). Retouches par Robert Simmon (couleur de l'océan, compositage, globes 3D, animation). Données et support technique : MODIS Land Group ; MODIS Science Data Support Team ; MODIS Atmosphere Group ; MODIS Ocean Group Additional data : USGS EROS Data Center (topographie) ; USGS Terrestrial Remote Sensing Flagstaff Field Center (Antarctique) ; Defense Meteorological Satellite Program (éclairages urbains) (cg). **41 Alamy Stock Photo :** Buiten-Beeld (bd) ; Sergi Reboredo (cd). Getty Images : Mint Images - Art Wolfe (cda) ; Vincent Pommeyrol (cdb). **42-43 NASA :** NASA Earth Observatory image de Robert Simmon, à l'aide de Suomi NPP VIIRS data, avec l'aimable autorisation de Chris Elvidge (NOAA National Geophysical Data Center). Suomi NPP est le résultat d'un partenariat entre la NASA, la NOAA et le Départment de la Défense. **44 NASA :** NASA / GSFC / Arizona State University (cg) ; NASA / Goddard / Arizona State University. (cg/face cachée). **45 Lunar and Planetary Institute :** NASA (bd). **46-47 NASA :** NASA / Goddard / Arizona State University. **48 ESA :** ESA / DLR / FU Berlin (G. Neukum), CC BY-SA 3.0 IGO (cg). **49 NASA :** NASA / JPL-Caltech / University of Arizona (cda) ; NASA / JPL-Caltech / University of Arizona (cdb) ; NASA / JPL-Caltech / University of Arizona (bd). **50-51 NASA :** NASA / JPL / USGS. **52-53 Getty Images :** Carlos Fernandez. **52 Getty Images :** Jeff Dai / Stocktrek Images (cg). **54-55 Dreamstime.com :** Galyna Andrushko. **54 Dreamstime.com :** Pytyczech (cg). **56-57 NASA :** NASA / JPL-Caltech / UCLA / MPS / DLR / IDA / PSI. **56 NASA :** NASA / JPL-Caltech / UCLA / MPS / DLR / IDA (cg). **60 NASA :** NASA / JPL-Caltech / SwRI / ASI / INAF / JIRAM (cg). **61 NASA :** NASA / JPL-Caltech / SwRI / MSSS / Gerald Eichstadt / Sean Doran (hc) ; NASA / ESA, The Hubble Heritage Team. Acknowledgment : H. Weaver (JHU / APL) et A. Simon-Miller (NASA / GSFC) (bc). **62-63 NASA :** NASA / JPL-Caltech / SwRI / MSSS / Gerald Eichstadt / Sean Doran. **64 NASA :** NASA / JPL / University of Arizona (cg). **65 Dreamstime.com :** Vjanez (h/all). **66-67 Ian Regan**. **68-69 Science Photo Library :** Detlev Van Ravenswaay. **71 NASA :** NASA / JPL (cd). **72-73 Adobe Stock :** Supermurmel. **73 NASA :** NASA / JPL (cd). **74-75 Dr. Dominic Fortes, UCL**. **76-77 ESO :** S. Deiries / ESO. **77 UCL Observatory/ Steve Fossey/Stephen Boyle (https :// creativecommons.org/licenses/by/3.0/) :** (cd). **78-79 NASA :** NASA / JHUAPL / SwRI. **78 NASA :** NASA / JHUAPL / SwRI (cg). **82-83 ESA / Hubble :** Akira Fujii. **83 ESA / Hubble :** NASA, ESA, H. Bond (STScI) et M. Barstow (University of Leicester) (cd). **86 NASA :** NASA, ESA et F. Paresce (INAF-IASF, Bologna, Italy), R. O'Connell (University of Virginia, Charlottesville) et the Wide Field Camera 3 Science Oversight Committee (cg). **88-89 ESA / Hubble :** ESO / IDA / Danish 1.5 m / R. Gendler, J-E. Ovaldsen, C. Thöne, et C. Feron. **89 Alamy Stock Photo :** S.E.A. Photo (cdb). **90 ESA / Hubble :** A. Fujii (cg). **90-91 ESO :** ESO / INAF-VST / OmegaCAM. Remerciements : A. Grado, L. Limatola / INAF-Capodimonte Observatory. **92-93 Marco Lorenzi (https ://www.glitteringlights.com)**. **92 Till Credner / AlltheSky.com**. **94 ESA / Hubble :** NASA / ESA / Hubble / F. Ferraro (cg). **94-95 Science Photo Library :** Russell Kightley. **95 Alamy Stock Photo :** Jim West (cda). **96 Till Credner / AlltheSky.com :** (cgb). **96-97 NASA :** NASA / CXC / SAO. **98 NASA**. **100-101 Getty Images :** Stocktrek Images. **101 ESA / Hubble :** NASA, C.R. O'Dell et S.K. Wong (Rice University) (cdb). **102 ESA / Hubble :** NASA, ESA, N. Smith (University of California, Berkeley) et The Hubble Heritage Team (STScI / AURA) (cg). **102-103 ESA / Hubble :** NASA, ESA et M. Livio, The Hubble Heritage Team et the Hubble 20th Anniversary Team (STScI). **104-105 NASA :** NASA / JPL-Caltech / University of Arizona. **105 NASA and The Hubble Heritage Team (AURA/STScI) :** NASA, NOAO, ESA, the Hubble Helix Nebula Team, M. Meixner (STScI) et T.A. Rector (NRAO). (cdb). **106 NASA :** NASA / Ames / SETI Institute / JPL-Caltech (cga) ; NASA / Ames / SETI Institute / JPL-Caltech (c). **107 NASA :** NASA / Ames / SETI Institute / JPL-Caltech (c). **108-109 ESO :** ESO / M. Kornmesser. **112 NASA :** NASA, ESA et Hubble Heritage Team (STScI) / AURA, remerciements : T. Do, A. Ghez (UCLA), V. Bajaj (STScI). **112-113 NASA :** NASA / JPL-Caltech / R. Hurt (SSC-Caltech). **113 NASA**. **114-115 Mark Gee / theartofnight.com**. **116-117 NRAO :** NRAO / AUI / NSF ; D. Berry / Skyworks. **116 NASA :** NASA / CXC / MIT / F.K. Baganoff et al. (cgb). **118-119 Robert Gendler**. **118 NASA and The Hubble Heritage Team (AURA/STScI) :** NASA, ESA, Z. Levay et R. van der Marel (STScI), T. Hallas et A. Mellinger (cg). **120-121 NASA and The Hubble Heritage Team (AURA/STScI) :** NASA, ESA et the Hubble Heritage Team (STScI / AURA). **120 Alamy Stock Photo :** Science History Images (cg). **122-123 ESA / Hubble :** NASA, ESA, S. Beckwith (STScI) et The Hubble Heritage Team (STScI / AURA). **123 ESA / Hubble :** H. Ford (JHU / STScI), the Faint Object Spectrograph IDT et NASA / ESA (cdb). **124 ESA / Hubble :** NOAO / AURA / NSF, B. Twardy, B. Twardy et A. Block (NOAO) (cgb). **124-125 ESA / Hubble :** ESA / Hubble & NASA. **126-127 ESO :** ESO / M. Kornmesser. **126 ESO :** ESO / UKIDSS / SDSS (cgb). **127 ESA / Hubble :** ESA / Hubble & NASA (cd). ESO : ESO / L. Calçada (cdb). **Science Photo Library :** NASA / CXC / UNIVERSITY OF HERTFORDSHIRE / M. HARDCASTLE ET AL. / CSIRO / ATNF / ATCA (cda). **Sloan Digital Sky Survey :** SDSS (bd). **128 Dan Crowson :** (cgb). **128-129 ESA / Hubble : NASA / ESA and The Hubble Heritage Team (STScI / AURA)**. **132-133 Getty Images :** Joe McNally. **133 Getty Images :** Roger Ressmeyer / Corbis / VCG (cdb). **134-135 ESO :** ESO / L. Calçada. **134 Dorling Kindersley :** ESO (cgb). **136-137 Getty Images :** VCG. **137 Alamy Stock Photo :** Xinhua (cd). **138-139 Getty Images :** © Roger Ressmeyer / Corbis / VCG. **139 Getty Images :** Raphael GAILLARDE (cdb). **140 NASA**. **141 Getty Images :** Historical (hc). **NASA** (cda, cd). **142-143 ESA / Hubble :** NASA, ESA, STScI. **144 NASA :** NASA / CXC / Rutgers / G. Cassam-Chenai, J. Hughes et al. ; Radio : NRAO / AUI / NSF / GBT / VLA / Dyer, Maddalena & Cornwell ; Optical : Middlebury College / F. Winkler, NOAO / AURA / NSF / CTIO Schmidt & DSS (cgb). **144-145 NASA :** NASA / CXC / NGST. **146 NASA :** NASA / Desiree Stover (cgb). **146-147 NASA :** NASA, ESA et Northrop Grumman. **148-149 NASA :** NASA / JHUAPL / Carnegie Institution of Washington. **148 NASA :** NASA / Johns Hopkins University Applied Physics Laboratory / Carnegie Institution of Washington (cgb). **149 NASA**. **150-151 NASA :** NASA / Johns Hopkins APL / Steve Gribben. **150 NASA**. **152-153 NASA :** NASA / JPL-Caltech / MSSS. **153 NASA :** NASA / JPL-Caltech / MSSS (cdb). **154 NASA :** NASA / JPL-Caltech / UCLA / MPS / DLR / IDA (cb). **154-155 NASA :** NASA / JPL-Caltech. **156-157 ESA :** ESA / ATG medialab. **157 ESA :** ESA / Rosetta / NAVCAM - CC BY-SA IGO 3.0 (cdb). **158-159 NASA :** NASA / JPL-Caltech. **158 NASA :** NASA / JPL-Caltech / SwRI / JunoCam (cgb). **160-161 NASA :** NASA / JPL-Caltech. **161 NASA :** ESA-D. Ducros (cdb). **162-163 Science Photo Library :** Carlos Clarivan. **163 NASA :** NASA / JPL-Caltech (cd). **164-165 NASA :** NASA / JHUAPL / SwRI. **164 NASA**. **165 NASA**. **166-167 Japan Aerospace Exploration Agency (JAXA) :** (toutes). **171 Alamy Stock Photo :** Eduardo Fuster Salamero (hg) ; SPUTNIK (cd) ; SPUTNIK (bd). Science Photo Library : SPUTNIK (bc). **172 NASA :** NASA / Aubrey Gemignani (cg). **172-173 Alamy Stock Photo :** Andrey Armyagov. **173 ESA :** GCTC (hc). NASA : (cb). **174-175 NASA**. **176 Alamy Stock Photo :** NASA Archive (cgb). **176-177 Dreamstime**.com : Wangkun Jia. **178 Dorling Kindersley :** NASA (cb). **179 Dorling Kindersley :** Andy Crawford / Bob Gathany (hd). **180-181 Alamy Stock Photo :** Science History Images. **182-183 NASA**. **183 NASA :** Lori Losey / NASA (cdb). **184-185 NASA :** NASA / Ken Ulbrich. **186 NASA**. **187 NASA**. **188-189 NASA**. **190 NASA**. **192-193 NASA**. **194 Science Photo Library :** Detlev Van Ravenswaay (cgb). **194-195 Rex by Shutterstock :** Qin Xian'An / Chine Nouvelle / Sipa. **196-197 Google Earth**. **197 NASA**. **199 NASA :** Bigelow Aerospace (hd). **200 ESO :** ESO / L. Calçada (hd). **NASA :** NASA / JPL-Caltech / University of Arizona (hd/nébuleuse de l'Hélice). **201 ESA / Hubble :** NASA / Chandra / CXC (hd). **202 Alamy Stock Photo :** S.E.A. Photo (hc). **ESA / Hubble :** NASA, ESA et M. Livio, The Hubble Heritage Team et the Hubble 20th Anniversary Team (STScI) (hc/ carina) ; NASA, ESA, S. Beckwith (STScI) et The Hubble Heritage Team (STScI / AURA) (hd). **203 Alamy Stock Photo :** Science History Images (hd). **NASA :** (hg) ; NASA / JPL-Caltech / UCLA / MPS / DLR / IDA / PSI (hc). **204 Getty Images :** Stocktrek Images (hc). **Marco Lorenzi (https ://www. glitteringlights.com) :** (hd). **NASA :** NASA / JPL (hc/Vénus). **ESA :** ESO / L. Calçada (hg). **NASA :** Lori Losey / NASA (hc/747) ; NASA / JPL-Caltech (hc). **208 NASA**

Couverture : 1er plat : NASA/JPL (Lune) g, Shutterstock/**AlexLMX** & NASA (Saturne) cd, NASA/ JSC (EVA) cgh, (Terre) cg, Shutterstock/**Vadim Sadovski** & NASA (ISS) hc, Shutterstock/**3Dsculptor** (fusée) hg, (navette spatiale) cd, Shutterstock/Triff (comète) bd, Shutterstock/**Mechanik** (Vaisseau Soyouz) hd, NASA (Voyager) cd, Shutterstock/ **Dotted Yeti** & NASA (TESS) cg, (Juno et Jupiter) bg, Shutterstock/**Andrey Armyagov** & NASA (astronaute) c, Fond : Shutterstock/**Jurik Peter** et NASA Godard/GSFC. Dos : Shutterstock/**Plutonius 3d** h, Shutterstock/**Nerthuz b**, 4e plat : Shutterstock/ Triff hg, Shutterstock/**Nerthuz** bg, Shutterstock/ **Alex Mit** & NASA hd, Shutterstock/**Elenarts** & NASA hdh, Shutterstock/**Valentyna Chukhlyebova** rover bd, NASA/JPL bd.

Toutes autres images © Dorling Kindersley